20세기 엄마의
21세기
명품 아들 만들기

부모 교육 전문가 샤론코치 이미애의 **아들 엄마 특강**

20세기 엄마의 21세기 명품 아들 만들기

샤론코치 이미애·브루스킴 김광균 지음

물주는하이

아들아,
너의 인생을 응원한다

길에서 스쳐 지나가는 수많은 남자들. 그중 누가 봐도 참 괜찮은 남자들이 있다. 단정한 외모와 태도, 건강한 몸과 가치관, 짧은 대화를 통해서도 느껴지는 훌륭한 인성과 지적인 매력. '볼수록 탐난다.' '저런 아들을 가진 부모는 얼마나 좋을까?' 하는 생각이 절로 든다.

그런가 하면 보는 사람마다 손가락질하는 남자들도 있다. 지저분한 외모, 무식하고 난폭한 성격, 여성과 약자에 대한 비뚤어진 가치관을 거침없이 내비치고, 말과 행동에 허세가 가득한 남자. 다들 인상을 찌푸리며 피하기 바쁘다.

아들을 키우는 엄마라면 백이면 백 내 아들이 멋진 남자가 되기를 바란다.

나는 강의를 듣는 엄마들에게 '우리 아들을 명품으로 만들자'고 말한다. 제대로 된 인간, 모두가 탐내는 멋진 남자로 키우자고 말이다. 사람을 명품에 비유하는 데 거부감을 느끼는 이들도 있을 것이다. 아들을 상품처럼 보는 것 아니냐고 말이다. 그러나 이 말속에는 사람은 변화한다는 강한 믿음이 담겨 있다.

명품은 그냥 만들어지지 않는다. 많은 사람들의 시간과 노력, 기술과 노하우를 통해 만들어진다. 그 가치를 알아보는 사람들은 명품이 만들어지는 과정을 신뢰한다. 명품 아들 역시 거저 되는 것이 아니다. 수많은 사람의 힘으로 완성되는 것이다. 그중에서도 엄마의 역할이 중요하다. 훌륭한 엄마가 있다면 아들은 절대 잘못되지 않는다. 내 아들을 모두가 탐내는 멋진 남자로 만들고 싶다면, 나부터 공부하는 명품 엄마가 되어 보면 어떨까?

동서고금을 막론하고 한 명의 남자아이를 제대로 된 인물로 키워 내기 위한 노력은 꾸준히 있어 왔다. 귀족 가문에서는 귀한 아들을 위한 교육에 많은 것을 투자했다. 그 교육에는 학문뿐 아니라 무술과 예절까지 포함되었으며 예술적 감각을 키우기 위한 과정도 빠지지 않았다.

지금의 부모들도 마찬가지다. 한쪽에 치우치지 않은 균형 잡힌 식단처럼 교육도 이것저것 챙겨야 할 것이 많다. 공부만 죽어라 시켜도 안 되고, 건강이 최고라며 몸만 챙겨서도 안 된다. 정신과 정서, 인간관계, 험한 세상을 살아갈 수 있는 현실 감각까지 알려 줄 게 참 많다. 한 아이를 제대로 된 남자로 키워 내는 것이 이렇게나 힘든 일이다.

아들을 키워 낸 엄마로서, 경험 많은 부모 교육 전문가로서 느낀 아들 교육에 대한 생각을 이 책을 통해 전해 보려 한다.

집필을 결심한 데에는 아들의 공이 컸다. 얼마 전 아들은 잘 다니던 대기업을 그만두고 또다시 힘든 공부를 시작해 로봇공학도의 길로 들어섰다. 최고의 명문으로 손꼽히는 카네기멜론의 합격 소식을 들었을 때의 기쁨이 아직도 생생하다. 아들의 진로가 바뀐 이후 어떻게 이렇게 잘 키웠냐며 비결을 묻는 사람이 많아졌다. 아마 많은 사람들이 눈에 보이는 아들의 화려한 스펙을 부러워할 것이다. 그러나 아들이 겪은 실패의 경험, 노력과 도전을 아는 이들은 오히려 결과보다는 과정을 궁금해했다. 그리고 나이를 불문하고 도전하는 태도와 방법을 배우고 싶어했다. 많은 대화 끝에 아들과 나의 성장담도 잘 엮어서 들려주기로 결심했다.

다 자란 성인이지만 여전히 엄마의 눈에는 불안한 부분이 많은 아들이다. 그러나 끊임없이 발전하려 하고, 더 나은 내일을 위해 습관처럼 노력하는 우직한 모습을 보니, 이제 조금은 안심해도 되겠구나 싶다. 독자 여러분도 부모와 같은 마음으로 아들의 이야기를 보아 주시리라 기대한다.

아들을 키우는 엄마들은 하루하루가 힘들다. 체력이 따라 주지 않아서 힘들고, 감정을 공유하지 못해 힘들고, 오늘도 못 참고 소리를 지르는 자신에게 실망하느라 힘들다. 유아부터 초등학생 그리고 사춘기를 겪으며 휘청거리는 아들을 조마조마하게 바라보는 엄마들과 차 한잔 마시며 수다 떠는 마음으로 책을 썼다. 나도 그랬다고, 괜찮다고, 중심을 잃지 말자고, 같이 노력하자고 다독이고 싶다.

아들의 인생은 끝나지 않았고, 응원하고 지지하는 엄마로서의 내 역할도 계속될 것이다. 그렇게 때문에 성공담이 아닌 과정담으로 아들 키우는 이야기를 풀어 보려 한다. 이 자리를 빌어 나의 아들 브루스킴 김광균에게 더할 수 없는 사랑의 마음을 전한다.

아들아, 너의 존재에 감사하고 네 앞날을 응원한다.

멀리 떨어져 있어도 가족의 사랑을 기억하렴.

샤론코치 이미애

3부 명품 아들의 완성

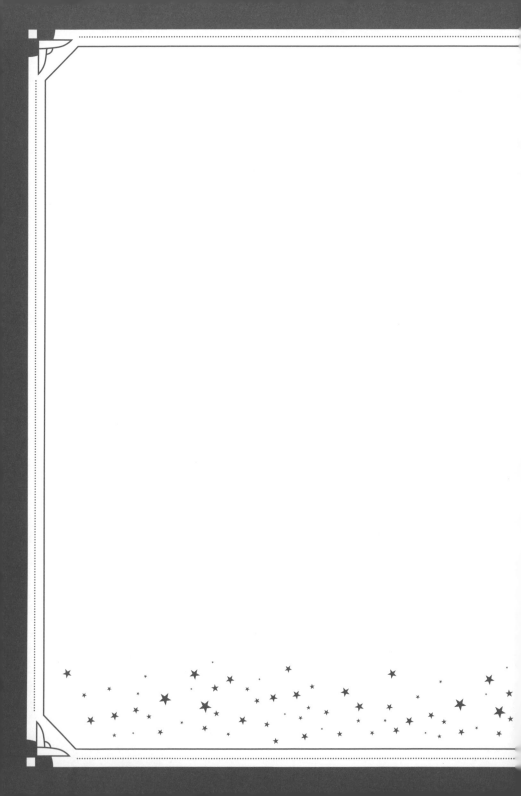

1부

아들 이해하기

1장

아들을 만나다

엄마, 아들을 만나다

아들과의 첫 만남을 떠올려 본다. 다들 마찬가지일 것이다. 임신 사실을 알게 되었을 때 기쁨, 불안, 두려움 등 여러 감정이 용솟음치지 않았던가.

나도 그랬다. 당시에는 비교적 늦은 나이였던 서른에 아이를 낳았으니, 아이를 낳기도 전에 어떻게 키워야 하나, 내가 잘할 수 있을까, 온갖 걱정에 시달렸다. 요즘 서른은 결혼하기에도 이른 나이라고들 한다. 게다가 난임으로 고생하다 임신에 이른 엄마들이 많다 보니, 여자의 인생 중간쯤에 처음 경험하게 되는 그 감정의 폭은 말로 표현하기 힘들 것이다.

임신을 하면 태어날 아이에 대해 상상하게 된다. 아들일까, 딸일까? 아들은 이렇게 키우고, 딸은 이렇게 키워야지. 배 속의 아기를 두고 예비 맘은 혼자 들떠 아이가 교복을 입은 모습, 아이와 나란히 걷는 모습을 생각하게 된다.

얼마 후 병원에서 아들이라는 언질을 들으면 주위에서 또 축하를 해 준다. 집집마다 분위기는 다르겠지만 한국 정서상 아들을 반기는 것은 어쩔 수 없으니 말이다. 남아선호사상이 지금은 많이 없어졌지만 나의 어머니 시대만 해도 대를 잇는다는 것에 대한 걱정과 강박이 꽤 심했다. 딸이 많은 집의 막내딸 이름에는 끝을 의미하는 말(末) 자가 붙었고, 산모는 시댁의 눈치를 보기도 했다. 아들을 낳으면 다들 축하해 주었고, 산모도 뭔가 중요한 일을 해낸 것 같은 당당함이 있었다. 지금은 남아선호사상도 거의 사라졌고, 이런 얘기조차 오래전 일이 되었으니 얼마나 다행한 일인가.

아들과 엄마의 관계는 아들이 배 속에 있을 때부터 시작된다. 엄마는 잘생긴 남자들을 보며 아들의 생김새를 꿈꿔 본다. 눈이 크고 서글서글하거나 키 크고 매너 있는 남자. 남편과는 조금 다른 자신만의 이상형을 아들에 이입하며 꿈꾸는 것이다.

물론 그것은 한여름 밤의 꿈과 같다. 낳고 나면 다들 큰 충격을 받는데 기대보다 갓 태어난 아들은 참 못생겼기 때문이다. 조각 같은 외모는 무슨, 빨갛고 찌그러진 아기의 이목구비를 보는 순간 꿈 많던 엄마들은 상심에 빠진다. 하지만 그것도 잠시, 자기 아들에게서 조금이라도 잘생긴 부분을 찾기 바쁜 게 우리 엄마들이다.

'이마가 좀 멋지지 않아?' '손가락이 진짜 예뻐.' '턱이 예술이네.' '눈이 장난 아니야.'

사실 신생아는 이목구비 중 코가 커 보인다. 차후에 볼살이 오르면서 그 높던 코는 아주 낮아져 버리지만 출생 당시는 오똑한 코를 가진 멋진 아들인 거다.

객관적으로 못생긴 아들을 보고 또 보며 예쁘고 멋지고 근사한 부분을 찾아내면서 눈을 마주치고 젖을 물리고 이런저런 대화를 한다. 그렇게 아들과의 사랑도 깊어 간다.

엄마뿐이 아니다. 온 집안 친척들도 마찬가지. 아이의 머리부터 발끝까지 조목조목 뜯어보며 자기와 닮은 부분을 찾기 바쁘다. 안 닮아도 예쁜 손자, 외모까지 닮았으면 더욱 사랑스러운 게 사람 마음인가 보다. 내 지인 중 한 분은 아들을 낳았더니 집안의 재력가로 권세를 떨치던 시할머니가 오셔서 여기저기를 살펴보시더란다. 그분은 종종 찾아와 갓난아기의 오른손 손 싸개를 자꾸 벗기곤 하셨다. 고사리 같은 손을 억지로 펼치며 본인의 손금과 똑같지 않느냐며 자랑하기 위해서였다. 아주 다른 모양새인 왼손 손금은 거들떠보지도 않으셨단다.

어디 그분뿐이겠는가. 인생 늘그막에 만나게 된 어린 생명. 그 낯선 생명체에 가늘게 연결된 나의 유전자를 찾아내며 기쁨을 느끼는 건 우리 인간의 당연한 심리가 아닐까?

아이가 좀 크면 걸음걸이가 똑같다, 자는 모습이 똑같다며 행동에서도 닮은 부분을 찾고 같은 혈통이라는 것에 자부심을 느낀다. 이런 호들갑 속에 기대와 걱정, 축복의 마음이 담겨 있는 게 아닐까 싶다. 이렇게 아주 작고 약한 남자아이는 한 가족의 어엿한 멤버로 성장해 나간다.

아들이나 딸이나 아기를 키우는 건 정말 힘든 일이다. 이때는 성별도 성별이지만 기질에 따라 육아 난이도가 천차만별이다. 조금 과장해서 말하자면 이 시기의 모든 아기는 두 종류로 나뉜다고 볼 수 있다. 예민한 아이 그리고 예민하지 않은 아이.

예민하지 않은 아이라고 해서 편하지만은 않다. 주변 사물에 대한 두려움이 없어서 활동성이 크고 극성을 떠는 경우가 많아서다. 이런 남자아이들의 엄마는 집 안 여기저기에서 사고를 치는 아들을 따라다니느라 바쁘다. 주변 사람들이 다들 "아이고, 아들이라 힘이 넘치네." "그래도 녀석, 참 성격이 좋네."라며 한두 마디 해 준다.

한편 예민한 아이는 정말 힘들다. 밥도 안 먹고, 잠도 안 자고, 조금만 불편해도 칭얼거리는 아이와 24시간 붙어 있는 엄마는 매시간 녹초가 된다. 예민하고 까칠한 아이를 자랑스럽게 "제 아들이 아주 예민해요."라고 말하는 엄마는 거의 없다.

슬프게도 내 아들은 아주 예민했다. 입 짧은 아이에게 음식을 먹이느라 끼니마다 고생했고, 아주 작은 소리에도 귀신같이 깨어나 자지러지게 울 때면 나도 같이 울고 싶었다. 90년대에는 익숙한 용어도 아니었던 아토피까지 달고 살았으니 피부가 덧나거나 빨개질 때마다 애가 탔다. 유치원부터 초등학교까지 나의 모든 에너지를 다 써야 했다. 뭐 하나 쉽게 키운 적이 없었다. 신체적으로 다른 친구들에게 밀릴까 봐 노심초사했고 여자아이들에 비해 야물지 못해서 한숨 쉬는 날도 많았다.

만약 내가 둘째를 낳지 않았다면 세상 모든 육아가 다 이렇게 힘들다고 생각했으리라. 오빠와 네 살 차이인 딸아이를 낳아 키우는데 어찌나 수월하던지……. 그런데 아이고 참 편하다, 좋다는 생각 대신 억울한 마음부터 불쑥 드는 것이다.

'아니, 모든 육아가 다 힘든 게 아니었어? 나만 힘들게 키운 거야?'

남녀 성별의 차이를 말하는 게 아니다. 어느 집은 딸이 더 힘들고, 같은 아들이라도 첫째와 둘째가 다르다고 한다. 어떤 기질의 아이가 태어나는가는 엄마의 선택이나 책임이 아닌 것이다. 그냥 내가 낳은 아이는 이런 상태인 것이고 엄마인 나는 받아들일 수밖에 없었던 것이다. 나이 서른에 힘들게 낳은 아이는 육아가 만만치 않다는 것을 뼈저리게 알게 해 주었다.

아마 각자 사연은 다르더라도 집집마다 사정은 비슷할 것이다. 사랑이고 희망이고 걱정이며 때론 커다란 불안과 상처를 선물해 주기도 하는 아들. 우리는 아들을 통해 한 번도 경험해 보지 못한 격렬한 감정에 휘말려 보고 이내 언제 그랬냐는 듯이 잊어버리곤 한다. 그렇게 아들도, 엄마도 마음 근육을 키우며 성장해 나가는 게 아닐까?

　잠 안 자서 힘들게 했던 아들, 밥 안 먹어서 애태우던 아들, 장난이 심해 한시도 눈을 못 떼게 했던 그 아들은 어디에 있는지? 지금은 건장한 청년이 되어 집안의 어려운 일도 척척 해결해 주고, 나이 든 엄마와 아빠를 지켜 주는 보디가드가 되었다. "아들, 이거 도와줘." "아들, 이거 무거워." 아들은 어릴 적 불효를 이렇게 하나하나씩 보답하고 있다. 아들 키우는 거, 힘들지만 할 만하다.

이해가 안 가는
나의 아들

아들 엄마들이 가장 많이 하는 말이다.

"아들이 하는 행동이 도대체 이해가 안 돼요!"

엄마들에겐 아들이 수능 수학 킬러 문제보다 더 이해하기 까다로운 문제인가 보다. 사실 사람은 원래 다 다르다. 성격도 제각각이고 문제를 대처하는 방식도 다르다. 군이 남성과 여성의 신체적, 생물학적 세밀한 차이를 되짚어 편가르기를 하고 싶진 않다. 그러나 확실히 여성인 엄마가 남성인 아들을 돌볼 때에 한계에 부딪히는 순간들이 오는 것 같다. 나 또한 그랬다.

아들이 장난을 심하게 치고 극성을 부리는 건 어쩌면 당연한 일이다.

처음엔 참다가 정도가 지나치면 엄마들은 제재를 한다. 처음엔 부드럽게 "하지 마.", 그래도 말을 안 들으면 육아책에서 배운 대로 눈을 마주치고 짧고 굵은 억양으로 "안 돼."라고 타이른다.

그러나 이상과 현실은 다르다. 한껏 텐션이 올라온 아들은 넘어갈 듯 낄낄거린다. 정색한 엄마 표정마저 장난이라고 생각하는지 아주 재미있어 죽으려고 한다. 한마디로 진정이 안 되는 것이다. 이때 많은 엄마들이 무너진다. 육아 팁이고 전문가 조언이고 나랑은 상관이 없어지게 된다.

"악~! 그만해, 그만하란 말이야!"

냅다 소리를 지르니 아들은 놀란 눈으로 엄마를 쳐다본다. 아들은 슬금슬금 눈치를 보며 하던 행동을 멈춘다. 그리고는 세상에서 가장 슬픈 표정을 짓는다. 엄마 마음은 또다시 무너진다. 잔뜩 풀이 죽은 아들의 모습만큼 애잔한 것도 없지 않은가.

'아아, 조금만 더 참을걸. 또 아이에게 화를 내고 말았네.'

'이 어린애에게 내가 상처를 준 건 아닐까?'

대부분의 엄마들은 아들을 원망하기보다 자신의 부족함을 탓하기 바쁘다. '내가 엄마로서 자격이 없구나.' 하면서.

그런데 이런 마음은 사실 몇 분도 가지 못한다. 조금 전까지만 해도 눈물을 뚝뚝 흘리며 반성하던 아들은 돌아서면 새로운 텐션으로 세팅되기 때문이다.

언제 그랬냐는 듯이 다시 기세등등해서 투정도 부리고 과도한 요구도 하며 엄마를 괴롭힌다. 엄마도 마찬가지. 그토록 반성하던 마음은 사라지고 다시 슬금슬금 화가 올라온다. 반복되는 감정, 반복되는 싸움. 아들 키우는 집에서 벌어지는 흔한 일 아닌가. 아니, 우리 집만 그랬던가.

내가 가장 힘들었던 부분도 이런 정서적인 부분이었던 것 같다. 엄마도 사람인지라 훈육으로 시작했다가 전쟁으로 번진 사건을 반복하다 보면 쉽게 지치고 질리게 된다. 나에게는 아들에 대한 서운함과 미안함 그리고 서먹함을 복구할 시간이 필요한데, 정작 상처를 준 아들 녀석은 돌아서면 아무 일도 없던 듯 배가 고프다고 먹을 것을 달라고 요구한다. 그리고 세상 편하게 맛있게 먹는다, 아주아주 많이.

그 모습을 지켜볼 때면 참 혼란스러웠다. 다시 신나게 수다를 떠는 아들의 입을 바라보며 이렇게 중얼거렸다.

"또 낚였네. 엄마인 나만 정상이 아니구나."

막장 드라마의 작가가 던져 놓은 떡밥에도 이렇게 쉽게 낚이진 않을 것이다.

'난 뭐지? 쟨 생각이 있는 걸까, 없는 걸까? 조금 전 소리 지르며 싸웠던 우리의 전쟁은 나 혼자만의 꿈이었던가. 왜 저 아이한테 매번 놀아나지……'

정말 많은 엄마들이 호소하는 것처럼 아들의 행동이 도대체 이해가 되지 않았다.

다 큰 남자에게서도 가끔 아들의 모습을 만나지 않는가. 그래서일까. 남편을 일컬어 '우리 큰아들'이라고 말하는 사람들이 생각보다 많다. 그런데 나는 그렇게 말하는 걸 좋아하지 않는다. 가족 구성원이고 어른으로서 함께 지어야 할 책임을 면제시켜 주는 것 같아서다.

가끔 남편이 자신의 어머니를 소홀하게 대하는 모습에서 대신 상처를 받는 여성들도 많다.

"여보, 어머니께 전화 좀 드려. 아들 목소리 들은 지 꽤 되었다고 하시더라."

텔레비전을 보던 남편은 아주 귀찮아하며 말한다.

"아, 알았어. 내가 알아서 할게."

하지만 남편은 어머니께 전화도 안 하고 시댁에 가지도 않을 것이다. 매번 그랬던 것처럼.

결혼한 자녀가 전화를 걸어 부모님의 안부를 묻고, 가끔은 부모님과 맛있는 식사를 하는 것. 어찌 보면 당연한 일인데 장성한 아들들은 이 부분을 소홀하게 생각하기도 한다. 부모님은 항상 그 자리에 계실 거라는 믿음과 자식이 소홀히 해도 부모님이 너그럽게 용서하신다는 확신이 우리 아들들을 예의 없게, 배려심 없게 행동하게 만드는 것은 아닌지 모르겠다. 아들 엄마들은 남편의 이런 모습을 보며 '앞으로 우리 아들도 저러겠지.' 쓸쓸한 마음이 들기도 한다.

시어머니 자식인 남편은 그렇다 치고, 내가 낳은 아들은 어떻게 해야 하나? 답은 '가르쳐야 한다'이다. 부모에게 어떻게 해야 하는지, 부모님이 언제 행복해하는지, 부모라고 무조건 자식을 사랑하지만은 않는다는 것도 가르쳐야 한다. 예의 없으면 밉고, 얼굴 안 보여 주면 섭섭하고, 매번 자기들끼리만 놀러 가면 속상하다는 것도 알려 줘야 한다.

처음부터 잘하는 사람은 없다. 그러나 배우면 누구나 할 수는 있다. 어릴 때부터 부모에게 어떻게 해야 하는지 잘 가르쳐 놓으면 '아들 목소리 들은 지 오래되었네. 얼굴은 가물가물하네.' 하며 섭섭해하지는 않을 것이다.

여자의 감성과 남자의 감성이 다르고, 생각을 정리하는 프로세스에도 차이가 있다. 그러나 다르다고, 이해가 안 간다고 포기해 버리지 말자. 정서적인 교감과 사랑의 표현, 소통을 조금씩 가르쳐 주는 것도 엄마의 몫이다.

아들과의 관계는
계속해서 변한다

세상 모든 인간관계가 그렇듯이, 엄마와 아들 사이의 관계에도 흐름이 있다. 어느 시절에는 마치 나와 한 몸인 양 서로 엉겨 붙어서 아주 사소한 것까지도 공유하고, 또 어느 시기에는 적당히 떨어져 남처럼 지내기도 해야 한다. 그리고 어느 시기가 되면 아들은 독립하여 떠난다. 그가 세상에 당당하게 홀로 설 수 있도록 양육해 주는 것이 엄마들의 몫이 아닐까?

글로벌 시대이니 만큼 어떤 아이들은 가정이라는 울타리뿐 아니라 한국이라는 지형적 한계를 넘어 훨훨 넓은 세계로 날아갈 것이다. 지치지 않고 날 수 있도록 건강한 날개를 달아 주는 게 엄마의 역할이라고 생각한다.

유아기 – 아들과의 허니문

한국 나이로 5~7세 정도의 남자아이를 떠올리면 입가에 슬며시 미소가 지어진다. 이때의 아들은 엄마의 재롱둥이이기 때문이다. 인간의 아이가 이렇게 귀여울 수 있단 말인가. 아이를 바라보는 엄마의 눈에서 꿀이 뚝뚝 떨어질 시기다.

하나부터 열까지 엄마의 희생이 필요했던 힘든 육아는 어느 정도 끝났다. 아이는 스스로 자신의 일을 해 나가는 방법을 배우면서 사람 사이의 소통 방식도 깨우쳐 간다. 이때의 아들은 정말 많은 사랑을 준다. 예쁜 눈웃음, 몸에 밴 애교, 엄마가 가장 예쁘고 가장 좋다는 달콤한 고백을 시도 때도 없이 던지지 않는가. 아마도 평생 부릴 귀여움을 이때 다 떠는 것 같다. 미운 일곱 살이다, 슬슬 말을 안 듣는다며 투정 부리는 엄마들도 있지만, 앞으로 있을 일들을 생각하면 이때만큼 엄마 말에 순종하는 시기도 없다. 사랑이 많은 아들을 바라보는 엄마는 뿌듯하다. 곤히 잠든 아들의 머리칼을 쓰다듬으며 많은 엄마들이 이렇게 생각한다.

'아이를 낳길 잘했어.'

'살면서 내가 참 잘한 일 중 하나는 우리 아들을 낳은 거야.'

심지어는 아까워서 아무한테도 못 준다고, 벌써부터 장가 안 보내겠다고 다짐하는 엄마도 있다. 그것도 모자라 이제 그만 크라고 아들에게 조르는 엄마도 많다. 하기야 오죽 예쁘면 그런 소리가 나올까? 5~7세, 이때야말로 진정한 허니문이 아닐까 싶다. 엄마와 아들이 이 시기만큼은 마음껏 사랑하고 마음껏 사랑받고 마음껏 꿈을 꾸면 좋겠다.

초등 저학년 - 엄마보다 여자 친구

초등학생이 되면 아이의 사회생활도 본격적으로 시작된다. 그러면서 슬슬 엄마를 속상하게 만드는 말들도 들려온다. 학교 다녀온 아들이 하는 말 중엔 가끔 이런 말이 섞여 있다.

"엄마, 우리 반에선 ○○가 제일 예뻐."

그렇다. 엄마에게도 라이벌이 등장한 것이다! 이제 겨우 초등학생인데 아들은 엄마 아닌 다른 여자를 마음에 두기 시작한다. 물론 유아 시기부터 여자 친구 이야기를 곧잘 하는 아이들도 있다. 하지만 이때는 정말 친구로서의 개념이다. 다섯 살 아이가 사랑이나 결혼 얘기를 한다고 해도 모두 귀엽다며 웃어넘기지 않는가. 하지만 이성에 대한 관심이 본격적으로 시작되는 8~9세쯤엔 느낌이 다르다.

이제 아들은 아침이 되면 학교로 간다. 학교에는 엄마가 알지 못하는 아이들만의 다른 세상이 있고, 아들은 그 안에서 많은 경험을 하고 많은 감정을 느낀다. 아마 진심으로 좋아하는 여학생도 생길 것이다. 아들의 마음속엔 엄마 말고 다른 여자가 있을 수도 있는 것이다.

어찌 보면 기특하고 대견한 일인데 어떤 엄마들은 진심으로 속상해한다. 그 여자애 얼굴이 궁금한 나머지 학교에 찾아가 두리번거리는 주책맞은 엄마들도 있다. '어머, 저 아이를 우리 아들이 좋아한단 말이야?' 생각했던 외모가 아니라 실망하는 엄마들도 있다. 여자 친구뿐이겠는가. 이제 아들의 세계는 조금씩 엄마의 테두리를 벗어나 커져 나간다. 엄마 아빠 말고도, 우리 가족 말고도, 세상에 사람이 많구나. 더 재미있는 것들이 많구나. 하나씩 깨달아 가는 것이다.

초등 중~고학년 – 사춘기의 시작

4학년쯤 되면 아이들 중 절반 정도는 사춘기가 오기 시작한다. 그리고 엄마의 마음에도 상처가 시작된다. 정다웠던 아들의 눈빛이 낯선 사람으로 바뀌기 때문이다. 엄마를 대하는 태도도 자주 버릇없어진다.

엄마가 불러도 대답을 안 하고, 아예 방문을 잠가 버리거나 문 열라고 방문을 두드리면 지겨워 죽겠다는 표정을 지으며 "왜요?" 하기도 한다. 존댓말을 쓰며 묻는 것은 그나마 다행이고 아예 대꾸를 안 하는 경우도 있다. 엄마들은 이때부터 인간 대 인간의 인격적인 모욕감에 시달리기도 한다.

사춘기는 누구에게나 필요한 시기다. 누군가의 보호 아래 있던 아이가 자립할 때가 되었다는 신호로, 사실은 환영할 만한 일이다. 그러나 그건 남의 아이 일이고, 내 아이가 평소와 다른 행동을 하면 엄마들은 덜컥 겁부터 난다. 그러고는 문제의 원인을 찾으려고 한다. '아들에게 무슨 일이 생긴 걸까?' '학교에서 친구를 잘못 사귄 걸까?'

엄마에게 다정하게 대했던 그 착한 아들은 어디에도 없다. 그렇다고 바로 포기할 엄마는 대한민국에서 거의 없다. 인터넷에서 사춘기를 검색하고, 맘 카페에서 사춘기 아들에 대해 푸념하고, '자녀와 대화를 나누세요.' '아이의 말을 잘 들어 주세요.' 등과 같은 전문가의 조언을 실천해 본다.

아, 왜 우리 아들에겐 전문가의 조언이 먹히지 않는지……. 아들의 입에서 간신히 나오는 소리는 "그냥 나 좀 내버려 둬!" 엄마는 사춘기 아들에게서 견고한 벽을 보게 된다.

제발 자기 좀 내버려 달라는 아들은 진짜 혼자 살 수 있을까? 방금 전그 난리를 치고 아직 엄마 가슴속엔 답답하고 억울한 불길이 한가득 있는데 슬그머니 아들 방문이 열리고 한결 부드러워진 아들이 말을 건다. "엄마, 배고픈데 밥 언제 먹어?" 이런 일이 반복되는 것이 사춘기다. 지극히 정상적이고 지극히 일상적인 모습이다. 그러니 제발 엄마들이여, 사춘기 아들에게 다가가지 말라. 그냥 밥 달라면 밥 주고, 혼자 있겠다면 혼자 있게 내버려 둬라. 어차피 사춘기는 마감 기한이 있으니까.

중고등학생 – 아들은 하숙생

중학생이 된 아들은 남처럼 대하는 게 편하다. 정말 하숙을 친다고 생각해 버려라. 집에 들어와서 인사하면 "어, 왔니?" 반갑게 맞이하고, 학원에 간다고 나가서 종일 연락이 없으면 '아, 우리 아들이 학원에 잘 다니고 있구나.' 생각하면 된다.

나에겐 아들이 분명히 있는데 지금 내 눈앞에는 없다. 아침에 잠깐 본것도 같은데 그 이후론 잘 보이지 않는다. 같이 대화하고 싶어도 소통할 시간도 없고 할 말도 없다. 아들은 현실이 아니라 마음속에 있는 것 같다. 그렇게 아들의 중고등학생 시절이 지나간다.

사춘기 아들이 걱정된다면 아들이 좋아하는 음식을 만들어라. 돈가스를 좋아하면 돈가스를, 햄버그스테이크를 좋아하면 햄버그스테이크를 잔뜩 만들어 냉동실에 넣어 두면 된다. 그리고 아들이 배고프다고 할 때 하나씩 꺼내 주면 된다. 인간은 자기에게 맛있는 음식을 주는 사람에게 고마워하는 법이다.

대학과 군대 – 그리운 아들

아들이 중고등학교에 다닐 때는 품 안의 자식은 아니더라도 대부분 같은 집에서 산다. 그러나 아들이 대학에 들어가고 군대까지 가 버리면 아들이 사는 공간마저 다른 곳으로 이동해 버린다. 텅 빈 아들의 방을 보며 엄마 마음에 그리움이 커진다.

그 전까지는 지긋지긋했을지 몰라도, 이제 아들을 생각하면 마음이 따뜻해진다. 예전과는 다른 사랑의 감정이 솟구치는 것이다. 다행히 아들도 엄마를 대하는 마음이 달라진다. 떨어져 살면 아무래도 엄마의 소중함을 많이 느끼게 마련이다.

엄마에게 손 글씨로 구구절절 감사하다고 편지를 쓰기도 하고, 면회라도 가면 의젓한 자세로 경례를 하기도 한다. 바리바리 음식을 싸 가지고 가면 보고 싶었고, 엄마 밥이 먹고 싶었다고 어색한 애교를 떨기도 한다. 이런 모습에 엄마들은 우리 아들이 다 컸다고, 어른이 되었다고 감격해한다. 사실 나도 그랬으니까.

과연 아들은 군대를 다녀오면 철이 드는 건가? 철이 들었다고 생각할 수도 있지만, 사실은 아직 멀었다.

군대에서 바짝 든 군기는 제대 후 눈 녹듯이 슬슬 사라진다. 군기 대신에 사회 물이 드는 것이다. 성인이 된 아들과 엄마의 관계는 다시 엄마의 짝사랑으로 변해 간다.

무뚝뚝한 아들이 엄마를 찾을 때, 이제 드디어 할 일이 생겼다는 생각에 엄마들은 기뻐한다. 엄마의 아들 사랑은 끝이 없는 것이다.

부모는 그런 존재다. 자식에게 무언가 해 줄 수 있는 게 없나 고민하고 작은 것이라도 찾으면 반갑다. 아들에게 도움이 된다는 것만으로도 기쁨을 느낀다.

경제적인 도움도 좋지만 사람 손길이 닿은 온도감만큼 마음에 와닿는 것도 없다. 우리 엄마들이 아들이 좋아하는 음식을 먼저 만들거나, 차곡차곡 옷을 개어 넣어 주었던 것도 어쩌면 같은 마음일지도 모르겠다. 엄마의 효능감과 뿌듯함 그리고 아들의 감사. 그런 관계는 결혼 전까지 지속될 것이다.

취미를 알면
아들이 보인다

참 재미있는 게 어느 집 아들이든 좋아하는 것들이 비슷비슷하다. 남자아이들이 관심 있어 하는 분야가 남자의 DNA에 박혀 있는 것은 아닌지 의심이 든다. 엄마가 일부러 보여 주지 않아도, 저절로 배우고 터득하며 '입덕'하는 것들이 있다.

일단 똥, 방귀, 코딱지. 이 더러운 것들은 아들들의 영원한 최애템이다. 인터넷 서점에서 '똥'을 검색하면 제목에 똥이 들어간 책이 많이 나오고, 유튜브에 '응가송'을 검색해 보면 상당한 양의 영상이 나온다. 아이들은 이 단어가 재미있어 듣기만 해도 웃음이 나오나 보다.

그다음에 우리 아들들은 굴러가는 것에 관심을 보인다. 아장아장 걸으며 자기 몸도 운신 못할 때부터 자동차를 좋아하고, 선물로 받은 미니

카를 종일 들여다본다. 자동차 이름을 외우는 것은 물론이고 자동차 바퀴만 보고도 차종을 구분할 줄 안다.

대부분의 아들은 로봇에도 꽂힌다. 로봇이 나오는 애니메이션을 보며 주제곡을 부르고, 변신 로봇을 합체하면서 우주를 정복하기도 한다. 비싼 장난감이지만 어른들은 그 모습이 귀여워 자꾸 사 주게 된다.

우리 아들들이 또 좋아하는 것은 공룡이다. 발음도 정확하지 않은 아이들이 길고 어려운 공룡의 이름을 줄줄줄 외우는 것도 참 대단하지 않은가. '이 공룡은 초식 동물이야. 육식 동물이야.' 하면서 공룡의 특성을 나열할 때는 똑똑한 아이를 낳았다는 자부심까지 느끼기도 한다.

미디어의 영향도 참 많이 받는다. 텔레비전이나 유튜브에서 애니메이션을 많이 접하는데 많은 아이들이 그 안에 등장하는 장난꾸러기 남자아이를 자신과 동일시한다. 우리 아들도 짱구 흉내를 참 많이 냈었다. 히어로물을 좋아하는 아이들은 자꾸 보자기를 뒤집어쓰고 뛰어내리는 바람에 엄마가 기절할 정도로 놀라기도 한다. 엄마의 마음을 아는지 모르는지 아들은 진지하다. 자신이 이 지구를 지키는 영웅이 틀림없다고 굳게 믿고 있기 때문이다.

내 아들도 그랬다. 대여섯 살쯤 된 어느 날, 좋아하는 동화책을 읽고 또 읽다 보니 어느덧 그 인물은 자기 자신이 되었다. 아이의 말이나 행동은 연극 대사를 읽듯 동화 속 캐릭터와 같아졌다. 어떤 질문을 해도 엉뚱한 대답이 튀어나오자 아들을 돌봐 주시던 친정 엄마는 좀 놀라셨

나 보다. 애가 어디서 거짓말을 배워 왔다며 심각하게 걱정하셨다. 솔직하지 않다고, 나쁜 아이라고 야단까지 치셨다. 어찌 보면 발달 과정상 너무 자연스러운 현상인데 그걸 몰라서 생긴 오해였던 것 같다.

사실 아이에 대한 대부분의 걱정은 발달상 자연스러운 현상인 경우가 많다. 그래서 '아이가 느려요.' '아이가 이상해요.' 걱정하는 엄마들에게 연령별 발달 과정은 기본적으로 꼭 공부하라고 조언해 주곤 한다. 자세히 나와 있는 책 한 권이면 아이마다 얼마나 다양한 현상이 일어날 수 있는지, 지금의 걱정이 사실은 별게 아니라는 걸 알 수 있다.

아무튼 아들의 취미 생활이 과해지면 덩달아 엄마들의 걱정도 커진다. 미디어에서 싸우는 장면을 멍하니 보다가 막대기를 들고 투닥거리면 아이의 공격성이 너무 커질까 봐 두렵기도 하고 폭력적인 놀이는 못하게 말려야 하는 게 아닐까 조바심도 난다. 사실 많은 남자아이들이 본능적으로 공격성을 갖고 있다. 없는 공격성을 일부러 키울 필요는 없지만, 내재되어 있는 욕구는 슬기롭게 꺼내어 바르게 해소하도록 도와줘야 한다. 엄마가 공격적인 것을 무조건 나쁘다고 생각해서 억압하고 막기만 한다면, 언젠가 엄마의 눈이 닿지 않는 은밀한 곳에서 나름의 방법으로 분출할 수도 있기 때문이다. 그때는 더 통제가 어려워진다.

엄마들의 또 다른 걱정은 자기가 좋아하는 것에만 빠진 아들의 모습이다. 로봇에만 빠져서, 공룡에만 빠져서, 다른 것들을 소홀히 하는 것이 걱정이다. 이제 초등학교에 가려면 글자도 익히고 공부하는 습관도 들여야 하는데 종일 유튜브에 빠져 있으니 애가 탄다.

모든 아들이 그런 건 아니지만 한 가지 주제에 좁고 깊게 관심을 보이는 것은 남자아이들에게서 많이 발견되는 현상이다. 물론 자기가 좋아하는 것을 공부할 때 인지력도 높아지고, 관심사에 대한 활동을 할 때 집중력이나 자기 주도성도 높아진다. 아이의 관심사를 자연스럽게 확장시킬 수 있다면 그리 걱정할 일은 아니다.

소근육이 또래보다 부족한 아이는 좋아하는 주제에 대해 그리기, 만들기 작업을 하며 경험을 높여 줄 수 있다. 똥 모양 그림을 가위로 오리면서 소근육을 기를 수 있다. 한글이나 영어 학습이 부진하다 싶을 때는 공룡 이름이나 로봇 이름을 읽고 쓰게 도와주는 것만으로도 공부 효과가 커진다. 어른이든 아이든 좋아하는 것과 관련된 일을 할 때면 눈이 반짝거리지 않는가.

아이의 놀이를 너무 걱정하거나 막을 필요는 없다. 심심해서 어쩔 줄 모르는 아이보다는 놀이를 제안하고 창조할 줄 아는 아이, 친구들을 설득해서 재미있는 놀이를 이끌 줄 아는 아이가 낫다. 좋아하는 것을 가지고 놀면서 아이들은 자란다.

아이가 빠져 있는 애니메이션을 엄마도 함께 보고, 아이가 매일 얘기하는 게임도 옆에서 같이 해 보자. 엄마가 잘 알아야 소통의 폭도 넓어지고 통제도 가능해지며 확장도 이루어질 테니까.

2장

아들과 대화하기

아들과의 대화에도
골든타임이 있다

부모 자식 관계도 동성인 경우와 이성인 경우엔 조금 마음가짐의 차이가 생기는 것 같다. 아들 같은 경우엔 아무리 엄마와 생김새나 하는 행동이 똑 닮았다고 해도 이성이기 때문에 드는 낯선 느낌이 있다. 마냥 아기인 줄만 알았는데 대여섯 살만 되어도 엄마를 지켜 주겠다고 허풍을 떨기도 한다. 그러다가도 사랑한다고 품에 폭 안기는 걸 보면 처음 사랑에 빠졌던 때처럼 가슴이 간질간질해진다.

이럴 때 보면 아들은 영락없는 애인이다. 일단은 남자고 귀엽다. 그리고 미숙한 부분이 많아 하나하나 챙길 구석이 많다는 것도 참 사랑스럽다. 물론 여러 번 말하지만 아들과의 허니문은 길지 않다. 그러니 초등학교 입학 전까지는 알콩달콩 연애하는 기분을 마음껏 만끽하면 어떨까?

애인 같은 아들은 참 말이 많다. 온종일 종알종알 떠드는데 처음에는 그 모습을 보는 게 즐겁다가 슬슬 귀찮아질 때도 많다. 그러나 엄마에게 관심을 받고 싶고, 한마디라도 더 하고 싶은 게 아들의 심정. 조금만 딴청을 피우면 자길 봐야지 어딜 보냐며 엄마 얼굴을 잡고 돌리기도 하고, 대답이 없으면 엄마 입을 억지로 벌리기까지 한다.

"아유, 엄마 좀 가만히 놔둬!" 하고 신경질을 내다가도 시간이 지나면 이 예쁜 모습을 못 볼까 봐 이내 가슴이 먹먹해지는 게 우리 엄마들의 마음이다. 그렇다. 이 소중하고 귀한 아들의 종알거림. 이 모습을 잘 살피고 성장의 밑거름이 되도록 도와줄 방법은 없을까?

앞서 아들이 5~7세인 시기를 허니문이라고 표현했다. 나는 이 황금 같은 시절을 그냥 흘려보내지 말라고 당부하고 싶다. 사실 아들과의 대화법을 완성해 나갈 골든타임이기도 하니까. 유아기 아이의 말을 경청하는 엄마의 태도, 엄마의 반응과 질문에 따라 우리 아들의 스피치 실력이나 논리력이 결정될 수도 있다는 것을 기억하자.

일단 여기서 '대화'란 두 사람이 마주 보고 앉아서 이야기하는 것을 말한다. 한 귀로 듣고 한 귀로 흘려보내는 이야기는 진정한 의미의 대화가 아니다.

만약 아들과 본격적으로 대화를 할 수 있는 시간이 온다면 메모지를 꺼내는 게 좋다. 아이가 하는 말을 키워드 중심이나 문장으로 적어 가면서 들어 보자. 그러다 보면 중간중간 질문하고 싶은 부분도 생길 것이다.

경청과 질문은 내가 너의 말을 잘 듣고 있다는 사인도 되지만, 말하는 사람 스스로 자기가 제대로 말하고 있는지 점검해 볼 수 있는 기회도 된다.

처음에는 생각나는 대로 아무 말이나 할 수도 있다. 일단은 서로가 이야기를 나누는 게 중요하니까. 그런데 사람마다 말하는 방식과 태도는 천차만별이다. 어른들 중에도 말을 참 재미있게 잘하는 사람들이 있는가 하면 도통 무슨 말을 하는지 이해하기 어려운 사람도 있다. 엄마들끼리 이야기를 나누다 보면 분명히 A를 의논하려고 했는데 뜬금없이 B와 C로 빠져 버려서 아무 말 대잔치가 되기도 한다. 그러나 어디서나 해결사는 있다. 미궁에 빠진 A를 특유의 논리로 찾아 주는 고마운 사람, 일명 논리 박사다.

아이들도 마찬가지다. 짧은 이야기건 긴 이야기건 주제에 맞춰서 핵심적인 자기 생각을 말하고 적절한 근거나 예시를 찾을 줄 아는 아이들이 있다. 이 아이들은 도대체 어떤 교육을 받았기에 근사한 말솜씨를 갖게 된 것일까?

아이들이 흥분해서 떠들다 보면 자기가 무슨 말을 하는지도 모르고 마구잡이로 쏟아내게 마련이다. 이때 엄마의 역할이 참 중요하다. 질문을 통해 말을 정리하고, 스스로 부족하거나 궁금한 것이 있을 때 찾아볼 수 있게 도와주면 어떨까? 아들과의 수다. 이 시간을 잘 활용한다면 어느 스피치 학원 못지않게 논리력을 향상시킬 수 있는 기회로 삼을 수 있다.

질문의 포인트는 열린 질문을 하는 것이다. '네', '아니오'로 대답할 수밖에 없는 단답형 질문은 사고력 확장에 큰 의미가 없다. 나는 이 질문의 법칙을 1 대 3 법칙이라고 이름 붙였다. 엄마의 질문 시간은 1분, 아이의 대답 시간은 3분, 즉 질문보다 세 배 대답을 많이 하는 것이다.

"아까 축구 시합에서 이겼다고 했잖아. 그런데 얼마 전까지만 해도 그렇게 잘하지 않았던 것 같은데 실력이 좋아진 비결이라도 있어?"

"현재 생존하는 상어 중에는 고래상어가 제일 크다고? 그럼 멸종한 상어 중에는 더 큰 것도 있었다는 얘기네? 어떤 게 있었을까?"

말을 잘 들어 주고, 중간중간 구멍이 있다면 그것을 찾아내어 메꿔 준다. 그렇게 대화의 밀도를 채우는 훈련을 하다 보면 어린아이들도 제법 논리적인 대화를 할 수 있다. 어느 정도 내용이 정리된 것 같으면 이렇게 해 보자.

"○○야, 네 얘기 너무 재밌다. 엄마한테 처음부터 다시 얘기해 줄래?"

엄마가 눈을 반짝이며 끄덕거린다면 아이는 신이 나서 또 말을 할 것이다. 말을 핵심적으로 잘했다면 크게 칭찬도 해 주자.

휴대폰으로 이야기하는 모습을 녹화하고 아이에게 본인이 이야기하는 모습을 동영상으로 보여 줘도 좋겠다. 말하는 자세나 특유의 말버릇도 확인하고 교정할 수 있을 것이다.

논리적으로 조곤조곤 자기 생각을 이야기하는 남자는 언제나 매력

있다. 우리 아들이라고 못할 것 없지 않겠는가.

흥분한 아이와
대화하는 법

우리들의 어린 아들은 대부분 흥분을 참 잘한다. 왜 아들이란 다들 그렇게 얼굴이 금세 벌게지고 목소리가 커지는 것일까? 타고난 기질이 다혈질인 아이들도 있겠지만 난 그 시기의 남자아이들이 에너지 조절 능력이 서툴기 때문이라고 생각한다.

남자아이들은 몸이 자라면서 에너지가 갑작스럽게 많아진다. 그걸 몸으로 빨리 표현하는 게 익숙하다 보니 머리에 떠오른 생각을 차분히 입으로 이야기하는 게 힘들 수밖에 없다. 그 나이대에 가장 빨리 반응하는 것은 몸이고 가장 천천히 나오는 것은 말이니까.

그런데 엄마들이 생각하는 것보다 남자아이들도 은근히 생각이 많

다. 복잡하고 어지러운 생각을 살살 풀어서 이야기하는 게 어려울 뿐이
다. 그러나 듣는 엄마 눈엔 아이 머릿속에 꽉꽉 들어찬 많은 생각들은
당연히 보이지 않는다. 그저 성급하게 나오는 큰 행동만 보고 '아유, 애
가 생각이 없다.'라고 생각해 버리기 십상이다. 그러나 현명한 엄마는
아이를 타박하기보다는 생각을 읽어 주고 감정을 다독여 준다.

  아들이 어렸을 때 함께 나누었던 대화를 돌이켜 생각해 보면 늘 시작
하는 상황은 비슷했던 것 같다.

  아들: (벌게진 얼굴로 달려오며) 엄마, 엄마, 엄마, 엄마! 엄마 있잖아!
  나: (하던 일을 멈추고 음료를 꺼내며) 어, 그래 잠깐만~.

  그렇다. 할 얘기가 잔뜩 쌓인 아들은 무슨 말이든 빨리 꺼내고 싶어서
흥분된 상태였고, 나는 어떻게든 시간을 벌려고 노력했다. 그때 필요한
건 음료수였다. 내가 마실 차도 준비해야 하지만 아들에게도 "너 뭐 마
실래?" 하며 잠깐 흥분을 가라앉혀 주곤 했다.

  겨울엔 따뜻한 코코아, 여름엔 시원한 주스도 좋다. 찻물이 보글보글
끓는 동안, 냉장고에 있던 음료가 조르륵 컵 안으로 따라지는 동안, 아
이의 감정도 서서히 가라앉는다. '엄마가 나랑 제대로 이야기할 준비를
하고 있구나.' 하는 생각이 들면 머릿속으로 이야기의 순서를 정리할 수
도 있다.

아이가 흥분한 이유는 나쁜 일 때문일 수도 있고, 좋은 일 때문일 수도 있다. 밖에서 있었던 일 중에서 자랑할 만한 일이 있어서 엄마에게 들려줄 생각에 서둘러 뛰어왔을지도 모른다.

말하는 순서는 아이의 성격이나 기질에 따라서 다르다. 자랑할 일이 세 가지가 있다면 작은 것부터 시작해서 마지막에 큰 것을 터뜨리는 아이도 있고, 반대로 가장 큰 것 먼저 서둘러 말하는 아이도 있다.

잘한 일과 잘못한 일이 섞여 있을 때도 마찬가지다. 우리 아들은 항상 잘못한 일을 먼저 말했다. 잘한 일이 분명히 있는데도 말이다. 그런데 딸은 항상 잘한 일을 먼저 말했다. 일단 엄마를 행복하게 만들어 놓고 슬쩍 잘못한 일을 말하곤 했다. 이렇게 아이들마다 다르니 한국말은 끝까지 들어 봐야 한다.

여기서 꼭 기억해야 할 것이 있다. 아이의 이야기가 무엇이든 간에 엄마는 언제나 아이의 편이 되어 주어야 한다는 것이다. 아이의 말을 중간에 끊고 '이건 네가 잘했네.' '저건 네가 잘못했네.' 하며 심판관의 역할을 하려는 엄마들이 많다.

오디션 프로그램을 예로 들어 보자. 도전자의 무대가 끝나면 때론 다정하게 때론 날카롭게 총평을 하는 심사 위원도 있지만, 결과가 어찌 됐든 간에 손이 빨개져라 무조건 박수를 쳐 주는 청중도 있지 않은가. 우리 엄마들이 해야 할 역할이 바로 박수 치는 청중이다.

물론 언젠가는 멋진 총평을 들려주는 역할도 해야 한다. 아들이라는 도전자가 인생의 파이널 무대에 올랐을 때는 아낌없는 조언을 해 주자. 그러나 때가 아니다. 아들의 파이널은 아직 오지 않았다. 지금은 변화무쌍한 성장 과정의 한 단계일 뿐이니까.

"정말 잘했네!"
"오, 대단한데?"
"역시, 우리 아들 최고야!"

아이가 잘한 일을 자랑스럽게 말할 때 이 세 마디를 기억하자. '그건 어쩌다 얻어걸린 거잖아.'라든가 '거봐, 엄마가 시키는 대로 하니까 잘됐지?' 등의 평가 섞인 말은 필요 없다. 지금 이 순간만큼은 무조건적인 칭찬이 성장하는 아이를 더욱 무럭무럭 크게 할 것이다.

물론 아들이 억울한 일을 이야기할 때도 있다. 음료 한 잔을 다 마셔도 채 가시지 않은 감정으로 자기가 당한 일을 이야기하기도 하는 것이다. 누가 밀다거나 어디서 억울하게 야단맞았다는 얘기라도 하면 엄마의 가슴도 빠르게 방망이질 친다. 하지만 그럴 때에도 엄마는 차분하게 들어 주어야 한다.

"야, 그건 혼나도 싸네, 딱 들어도 네가 잘못했다."라고 도리어 야단을 치거나 "정말? 누가 그랬어? 언제? 그때 옆에 누가 있었는데?"라고 수사를 할 일이 아니다.

사실 규명, 원인과 결과 파악, 정확한 솔루션은 중요하지 않다. 이 순간 가장 중요한 것은 아이의 감정이기 때문이다.

"아유, 속상했겠네……."
"네 말 들어 보니까 정말 억울할 만도 하다."
"우리 아들이 마음고생했네. 수고했어, 아들."

막상 엄마가 이해하고 위로해 주면 아들은 머쓱해한다. 대부분은 "아냐, 엄마. 별거 아니야. 이제 괜찮아." 하며 스스로 정리를 한다. 사람마다 차이가 있겠지만 대부분의 남성들은 부정적인 감정을 오래 내비치는 것을 좋아하지 않는다. 아들에게도 그런 DNA가 있나 보다. 아이가 괜찮다고 하면 그 이야기를 길게 끌지 않는 것도 엄마의 센스일 것이다. 쪼잔한 남자로 남고 싶지 않은 아들의 마음을 읽어 줄 필요도 있으니까.

내가 어린 아들과 했던 대화 내용을 가만히 떠올려 본다. 주스와 차한 잔을 앞에 두고 웃고 화내고 속상해하고, 지금은 자세하게 기억나지 않지만 참 소소하게 많은 이야기를 나누었던 것 같다. 그리고 항상 대화의 마무리도 비슷했다.
"그래, 너 뭐 먹을래? 먹고 싶은 거 있어?"
실컷 이야기한 아들이 출출해하는 낌새가 보이면 슬쩍 음식으로 상황을 돌린다. 아들은 어김없이 먹고 싶은 것을 말하고 나는 그것을 뚝딱

뚝딱 준비해 주었다. 그러면 이 대화도 마무리된다. 맛있게 먹어 주는 아들을 보면 그동안의 대화 내용이 무엇이든 마지막은 언제나 행복했던 것 같다.

크로스 체크가
필요해

아들이 엄마에게 자기가 당한 고충을 이야기할 때, 싸움에 휘말렸다거나 억울한 피해를 입었다는 이야기를 들으면 엄마의 감정도 요동치게 마련이다.

앞에서는 아들의 감정만 읽어 주면 된다고 이야기했지만 가끔은 사안이 꽤 심각할 때도 있다. 이럴 때는 냉혹한 조사관이 되어 객관적으로 사실 확인을 할 필요도 있다.

사실 확인은 직감으로 하는 것이 아니다. 이때만큼은 엄마의 감정을 빼고 사실 그 자체만으로 규명할 필요가 있다. 그러려면 일방적인 이야기만 들어서는 안 된다. 크로스 체크가 반드시 필요하다.

우리 아이들은 어리다. 그렇기 때문에 시야가 좁다. 자기중심적으로 보고 자기중심적으로 이야기하는 것은 어쩔 수 없는 아이들의 특성이다. 게다가 엄마는 무조건 내 편을 들어주는 존재라고 믿기 때문에 조금 더 과장을 섞을 수도 있다. 침소봉대라고 바늘을 보고 몽둥이를 봤다고 말하는 것이다. 엄마가 속상해하는 표정을 보면 그만큼 나를 사랑한다고 생각하기도 한다.

아들의 감정을 살피고 반응해 주는 것도 엄마의 일이고, 사건을 객관적이고 명확하게 파악하는 것도 엄마의 몫이다. 눈은 웃고 있어도 머리는 냉정하게 움직여야 한다.

"그래, 걱정 마. 엄마가 알아볼게."

이때 엄마가 흥분해 버리면 정확한 확인은 불가능할 것이다. 시간을 두고 정확하게 조사하면 좋겠다.

사건의 인과관계를 파악했다면 그다음 고민할 것은 해결 방법이다. 아이가 크게 상처를 받고 많이 속상해하더라도 제3자의 눈으로 보았을 때 별문제 아닐 수도 있다. 그리고 생각하기에 따라 꽤 심각한 사안일 경우도 있다.

이때도 엄마의 지혜가 필요하다. 심각한 문제일지라도 아이의 인생에서 얼마나 중요한 문제인지 한 번 더 신중하게 생각하면 좋겠다. 엄마의 판단에 따라 어린 시절 해프닝으로 끝날 수도 있고, 학교와 지역 공동체가 모두 알 만한 큰 사건으로 확대할 수도 있다. 학교에 진정서를 내거나 교육청에 신고를 하기 전에 꼭 아이의 미래와 연결 지어 생각해 보자.

우리 또한 성장 과정에서 크고 작은 사건들을 겪었다. 그땐 하늘이 무너질 정도로 심각한 문제였는데 시간이 지나니 점점 희미해져서 기억조차 잘 나지 않는 일들도 있고, 뇌리에 각인되어 평생 잊히지 않는 기억도 있지 않은가.

모든 사건을 각인할 필요는 없다. 때로는 희미하게 흩어지도록 두는 것도 필요하다.

사안이 정말 중요하고 빠른 해결이 필요하다면 그에 맞는 액션을 취하는 게 맞다. 그러나 그럴 만한 일이 아니라면 자연스럽게 시간이 해결할 수 있도록 놔두면 어떨까? 남편과도 충분히 상의하고 아이의 생각과 마음도 여러 차례 묻고 살펴야 할 것이다. 기억하자. 엄마가 가장 중요하게 생각해야 할 것은 아이의 미래라는 것을.

때로는 아들의 허풍을
응원하자

"커서 뭐가 되고 싶니?" 엄마들은 이 질문을 하면서 은근히 설렌다. 우리 아들의 미래가 궁금하기도 하고 아들 덕에 호강하는 상상을 하니 슬그머니 웃음이 나오기도 한다. "대통령이 될 거예요." 이 말 한마디에 '그 녀석 꿈도 원대하네.' 하면서 웃고 넘어간다. 그런데 고등학교 때도 같은 꿈을 이야기하면 슬며시 걱정이 된다. '뭐 대통령이 되겠다고? 얘가 정신이 있는 거야?' 당장 학교 내신도 챙겨야 하고 수능도 봐야 하는데 대통령 타령이나 하니 속이 타들어 간다.

혹시나 하고 다시 물어보면 이번엔 글로벌 기업을 만들어 떼돈을 벌겠다고 한다. 명문대를 졸업해도 대기업 취업이 하늘의 별 따기라고 하는데 세계적인 기업을 만든다고 하니 이걸 믿어야 할지, 아니면 정신 차리라고 소리를 질러야 할지 참으로 난감하다.

그러나 어느 누가 한 사람의 미래를 단정 지을 수 있는가. 시대는 빛의 속도로 변하는데 어른들의 잣대로 미래를 예측하고 우리 아이들의 장래를 속단할 수는 없지 않는가.

텔레비전에서 성공한 사업가의 인터뷰를 본 적이 있다. 성공할 때 걸림돌이 무엇이었냐고 물었더니 뜻밖의 대답이 나왔다. '성공하기까지 그동안 실패를 거듭했는데, 실패할 때마다 가까운 사람들의 비웃음이 힘들었다.'라고 한다. 때로는 아주 가까운 사람이 가장 큰 상처를 주고 힘들게 한다. 명절에 만나는 친척 어른들의 핀잔, 집에 놀러 온 이모와 외삼촌의 장난 섞인 빈정거림, 할머니와 할아버지의 지나친 걱정의 말씀, 심지어 엄마 아빠의 한숨 소리도 우리 아이들의 기를 꺾어 놓는 것이다.

"네가 뭘 한다고 그래."
"아유, 넌 안 돼."
"네가 그걸 하면 내 손에 장을 지진다."

"응, 잘될 거야. 넌 꼭 될 거야." 이 세상 모두가 아이에게 등을 돌려도 한결같이 지지해 주는 단 한 사람이 있다면 아이의 꿈은 쉽게 꺾이지 않을 것이다. 단 한 명의 지지자, 그게 바로 엄마여야 한다.

우리 아들이 중학교 때 나에게 약속한 게 있다. 아니 그것은 약속이 아니라 선언이었다. "엄마, 내가 나중에 돈 많이 벌면 한 달에 천만 원씩 줄게." 아들이 생각하기에 천만 원은 정말 큰돈이고, 그 돈이면 엄마가 행복할 거라고 생각했던 것 같다. 난 그 소리를 들을 때마다 "고마워, 꼭 그렇게 해 줘."라고 웃으며 말했다.

우리 아들은 서른 넘어 미국으로 유학을 갔다. 거대한 꿈을 위해 도전한 것이다. 물론 유학 준비 과정은 어렵고 힘들었다. 대기업에 다니는 동안 경력을 쌓으며 계속 공부를 했다. 아들이 세계에서 제일 좋은 대학원에 합격했을 때 나는 많은 눈물을 흘렸다. 그 눈물의 의미는 '아들이 원하는 일을 해낸 것'에 대한 환희였다.

"그래 잘했어. 네가 해낼 줄 알았어."

혹시 아는가. 이 글을 보는 독자들의 아들들이 훗날 역사에 남을 위인이 될지. 아이의 미래는 아무도 모른다. 그러니 큰 꿈을 응원하며 기대해 보자. 아들들의 허풍은 그들을 움직이게 하는 힘이고 그들을 행복하게 하는 비타민이다. 오늘도 아들에게 이 한마디를 하자.

"우리 아들, 세상에서 가장 멋진 내 아들, 파이팅."

아들의
변명과 거짓말

규칙을 잘 지키고 어른의 말에 순종적인 아이도 있지만 그렇지 않은 아이도 있다. 소위 '기가 세다'라고 표현되는 아이들 말이다. 이 아이들은 "싫어요." 소리도 쉽게 잘하고 엄마가 잘못했다고 생각하면 드세게 따지기도 한다. 사사건건 어른들과 부딪치니 키우는 입장에선 너무 힘들겠지만 이런 성향의 아이들을 꼭 부정적으로 생각할 필요는 없다.

나는 말 안 듣는 아이가 마마보이보다 낫다고 생각한다. 이 아이들에겐 적어도 '비판적 사고력'이 있다고 보기 때문이다. 현대 사회에서 쏟아지는 정보를 비판적으로 파악하고 자기의 색깔과 필요에 맞춰 선택할 수 있는 것도 꼭 필요한 능력 아닐까? 음식이나 옷이나 고르는 책마다 자기주장이 강한 아이들. 이 아이들은 믿고 기다려 주면 큰 성장을 보여 줄 것이다.

물론 이런 아이를 키우는 것은 상당히 힘들다. 엄마가 따끔하게 잘못한 것을 가르칠 때 아이의 입에서 "잘못했어요."라는 반성의 소리가 나와야 훈육이 마무리될 터인데, 이런 성향의 아이들은 쉽게 굴복하지 않기 때문이다. 어떨 땐 자기가 잘못한 게 아니라고 억지를 부린다. 엄마 눈에는 거짓말이 빤한데 아이는 절대 쉽게 인정하지 않는다.

엄마가 믿어 주지 않으면 더욱 흥분해서 울고불고 몸을 흔드니 느는 것은 엄마의 한숨이다. 거짓말하는 버릇만큼은 제대로 고쳐야 한다는 생각에 엄마 목소리도 더욱 크고 엄해질 것이다. 간신히 제압하기도 하지만, 제압한 것과는 별개로 아들에 대한 신뢰가 떨어지면 엄마 마음에는 상처가 남는다.

하지만 이 또한 지켜볼 필요가 있다. 나중에 여러 상황을 종합해서 보면 아들의 주장이 맞을 때도 있기 때문이다.

다른 친구와 갈등을 빚었을 때도 마찬가지. 어수룩한 아들은 여러모로 불리하다. 월령이 빠르고 영리한 여자아이들과 상대했을 때는 더욱 그렇다. 자기가 가진 생각을 표현하는 데 미숙하니 뒤집어쓸 가능성도 충분히 큰 것이다.

아직 어리다 보니 논리력과 표현력이 떨어지지 않겠는가. 백 퍼센트 아들의 잘못 같았는데, 시간이 지나고 보니 아들의 변명과 거짓말이라고 생각했던 게 사실일 때도 있다.

그래서 아이를 혼낼 때에도 어느 정도 여지는 둘 필요가 있다. 잘못한 일에 대해서 당연히 야단칠 수 있겠지만 끝까지 몰아서는 안 된다. 도망갈 구멍은 누구에게나 필요하지 않은가. 아무리 큰 잘못이라고 해도 끝까지 아이를 잡으려고만 들지는 않았으면 좋겠다.

설령 아들이 정말 나를 속였다고 해도 너무 노여워하지는 않았으면 한다. 어린 시절 한두 번의 거짓말이 아이의 인생을 망치지는 않을 것이다. 사실 다 자란 성인들도 언제나 솔직하지는 않다. 거짓말을 밥 먹듯이 한다면 인성에 문제가 있는 것이지만, 인간관계나 비즈니스 관계에서 모든 것을 투명하게 노출한다면 그 또한 문제가 있지 않겠는가.

우리의 어린 시절을 생각해 보자. 우리는 완벽하게 엄마 말을 들었던가. 한 번도 거짓말을 하지 않고 언제나 솔직했던가. 때로는 우리의 엄마들이 알면서도 모른 척 넘어가 준 잘못은 없었을까?

아이들은 성장 중이다. 약간 삐딱하게 옆길로 새었다가도 다시 바른 길로 돌아올 수 있다. 알면서도 현명하게 속아 줄 줄 아는 부모가 있다면 크게 엇나가지 않을 것이다.

3장

놓치지 말자,
아들의 멘털 관리

극사춘기가 온다

★

　아들 키우는 엄마들이 가장 두려워하는 시기는 사춘기가 아닐까? 사춘기는 우리 아이들이 성장하는 과정에서 자연스럽게 겪어 내야 할 시간이지만, 민감하고 거친 시기를 슬기롭게 해결하지 못하면 가족 모두에게 지워지지 않는 상처를 남길 수 있다. 게다가 사춘기를 겪어야 하는 시기는 아이가 한창 공부에 열중해야 할 학령기다. 격한 방황을 하는 동안 학업에 손을 놓게 되면 훗날 따라잡을 수 있는 시간적 여유가 부족해진다. 그러니 지켜보는 엄마는 더욱 초조할 것이다.

　최근에는 코로나 블루라고 하여 이곳저곳에서 마음의 병을 호소하는 사람들이 많다. 아이들이라고 다르지 않다. 안 그래도 신체적, 정신적으로 힘든 사춘기 때, 코로나19로 인한 불안과 스트레스까지 합쳐지니 그만큼 표현이 격하게 나오고 반항도 세지는 모양이다. 그도 그럴 것이 또래와의 교류를 통해 왕성한 신체적 에너지를 풀고 심리적 안정도 찾을 시기인데, 사회적 거리두기 때문에 학교도 안 가고 친구도 만날 수 없었다. 사회 전체를 감싸는 불안과 분노, 우울의 감정을 심리적 면역력이 약한 10대 아이들이 직격탄으로 맞았다.

현관문은 닫혀 있고 갈 곳은 없다. 집 안에서 엄마와 접촉하는 시간이 많아지다 보니 싸우는 일이 다반사다. 처음엔 엄마 말을 안 듣고, 시간이 지나면 엄마 말을 무시하게 된다. 언어폭력에서 물리적 폭력까지 서로에게 주는 상처는 커져만 간다.

최근 만난 중1 엄마들은 아들의 극심한 사춘기 때문에 거의 미칠 지경이라고 한다. 아들이 방문을 걸어 잠그고, 엄마와 눈도 마주치지 않는다고 말이다. 밥도 식탁에 차려 놓으면 어떨 때는 나와서 먹고, 어떨 때는 나오지도 않는다고 한다.

일상이 이 정도인데 공부는 할까? 군말 없이 학원에 잘 다니던 아들이 '혼자 공부하겠다.' '배우는 것도 없다.' '시험도 안 보는데 공부는 뭐 하러 하냐.' '내 인생은 내가 알아서 한다.' 하면서 엄마를 마음고생시켰다고 한다. 이런 사례가 어찌 이 집뿐이겠는가.

최근 코로나19가 몰고 온 이 시점의 사춘기는 '극사춘기'라는 용어로 따로 명명해야 할 정도이다. 이전의 사춘기도 엄마를 힘들게 하기는 했지만 이렇게 많은 학생들이 극렬하게 사춘기의 부정적 행태를 보이는 것은 아마도 코로나19가 주는 전반적인 스트레스가 원인일 것이다. 당하는 엄마들이 예전에 비해 참을성과 여유가 없어지고 즉각적, 충동적으로 방어 태세를 취하게 되는 것도 같은 이유일 것이다.

집 안에서 아이와 부딪치는 것도 힘들지만 사실 엄마들은 아이들의 학업 결손과 학습량 부족에 걱정이 앞선다. 사춘기는 우리 아이들이 초등 저학년에 비해 공부를 많이 해야 하는 시기이기 때문이다. 중학교 입학을 앞두고 영어와 수학 등 주요 과목 공부는 해야 한다는 것을 엄마들은 대부분 안다.

'옆집 아이는 고등수학을 공부한대.' '이번에 유명 학원 탑반에 들어갔대.'라는 소식들은 엄마들의 긴장을 가속화시킨다.

그러면 극사춘기의 모든 아이들은 공부를 안 할까? 몇 가지 유형으로 나눌 수 있다.

극사춘기 공부 유형	
1	**잠과 무기력증에 빠져 책을 도통 가까이하지 않는 학생** - 깨워도 못 일어나고 잠만 잔다. 정말 어찌할 도리가 없다. 그냥 '키가 크겠구나.' 위안을 삼는 수밖에 없다. 잠을 안 자는 시간에는 집중해서 공부하기를 바랄 수밖에……

2	학원을 거부하고 스스로 공부하겠다고 큰소리치는 학생
	- 마음은 그러하겠지만 실천하기는 쉽지 않은 상황이다. 그렇다고 너무 대놓고 무시할 수는 없다. 잘 구슬려서 공부 계획표를 만들고, 매일 엄마가 체크하는 시스템을 만든다면 어느 정도는 효과를 얻을 수 있다.
3	학원은 안 가지만 학교 공부는 그럭저럭하는 학생
	- 타인의 평가를 중시하는 스타일이다. 엄마는 이 점을 활용해 학교 온라인 수업에 적극 참여하고 유명 학원 레벨 테스트도 권유하는 게 효과적이다. 본인이 부족한 과목이 있으면 과외를 연결하는 것도 좋은 방법이다.
4	온라인 등교로 학교에 안 가니까 상대적으로 시간이 많아 이참에 열심히 공부하는 학생(대치동에서는 이를 '달린다'고 표현한다)
	- 엄마에게는 너무 감사한 케이스. 사실 이러한 상황은 그냥 만들어지는 것이 아니다. 그 이유는 아래에 설명한다.

나는 유아와 초등 때 엄마와 어떤 시간을 보냈느냐가 그 차이를 만든다고 본다. 어린 시절 엄마와의 추억을 많이 쌓은 아이, 엄마와의 신뢰 관계를 바탕으로 초등 때 공부 습관을 잡아 놓았거나, 차근차근 선행학습을 하며 학습의 즐거움을 맛본 아이, 자신의 꿈이 무엇인지 오래 고민하고 진로에 대해 진지하게 탐색한 아이들은 극사춘기가 와도 세게 흔들릴지언정 꺾여 버리지 않는다.

'꿈이 있는 아이는 흔들리지 않는다.'는 말을 기억하기 바란다.

아들의 사춘기는 아무리 마음을 다잡고 준비해도 막상 맞닥뜨리면 어렵다. 많은 엄마들이 이 시기에 아들의 말 때문에 상처를 받는다고 고백한다.

"난 엄마 같은 사람이 싫어."
"엄마는 거짓말쟁이야."
"엄마랑은 아무 말도 하기 싫어."

대체 어디서 배워서 엄마의 자존감과 존재를 건드리는 말을 그렇게나 하는지. 아이들이 아무렇게나 내뱉은 말들이 가슴을 할퀴고 깊은 생채기를 낸다.

'내 아들이 맞나? 이 세상에서 엄마가 제일 예뻐. 난 엄마랑 결혼할 거야. 했던 아들이 맞는 건가?'

이런 생각을 하는 엄마들에게 인생 선배로서 이런 이야기를 들려주고 싶다.

네, 그 예뻤던 아들 맞습니다. 그 옛날 엄마에게 기쁨을 주고 행복을 주던 아들이 맞습니다.

"이 또한 지나가리라." "사춘기는 유효 기간이 있다." 이 말을 기억하세요. 기다리다 보면 예전 그 아들은 아닐지라도 반쯤은 다시 돌아올 거예요. 그러니 너무 서로에게 상처 주지 말고, 너무 심한 말 하지 말고, 조금만 참으며 기다려 보세요. 아들은 꼭 다시 돌아옵니다. 내가 낳은 아들이잖아요.

사춘기,
정상 궤도로 돌리려면

아들의 말 때문에 상처를 받았다고 엄마가 주저앉아 있을 수만은 없다. 엄마에게 심한 말을 하는 정도의 반항은 사실 귀여운 수준이다. 아예 학업을 포기해 버린 아이들은 끔찍한 위험에 노출되기 때문이다. 아이들이 마땅히 갈 곳이 어디 있겠는가. 집을 나온 아이들은 거리를 떠돌 수밖에 없다. 피시방과 노래방을 전전하다 가출로 이어진다. 가출은 단순하게 집을 나왔다는 뜻이 아니다. 가출 청소년들은 남녀가 혼숙을 하는 환경에 노출될 수도 있고, 성관계나 성매매, 성범죄까지도 연결될 수 있다.

최근에는 중학교 입학을 앞둔 학생들도 자궁경부암 무료 백신 대상자에 속한다고 한다. 자궁경부암의 원인인 인유두종 바이러스는 남녀의 성관계를 통해 감염된다. 아직은 어린 아이들에게 백신을 보급하는 것은 국가와 사회가 성관계 시기를 중학생 전후도 인정한다고 본다는 이야기 아닐까?

물론 예전에도 아이들의 방황은 있었지만 최근에 더욱 두드러진 것은 역시 코로나19의 영향이 크다. 극사춘기에 손을 놓고 있다가는 인생의 중요한 시기를 망칠 수도 있고 아이를 신체적, 정신적인 위험에 빠뜨릴 수도 있다는 얘기다.

이 아이들을 다시 원래대로 돌려놓을 수 있을까? 정상 궤도로 돌리는 것은 엄마가 혼자 나서기에는 역부족이다. 이때는 선생님의 도움이 필요하다. 만일 학교 선생님이 관심을 가지고, 우리 아이를 위해 애써 준다면 더 이상 바랄 게 없다. 그런데 학교에는 학생이 많으니 우리 아이만 봐 달라고 하기에는 미안한 노릇일 것이다. 사춘기 시기엔 의외로 학원이나 과외 선생님이 좋은 멘토 역할을 해 주는 경우가 많다. 실제로도 아이가 지치고 힘들 때 공부를 지속할 수 있게 도와주는 모습을 많이 보았다.

나는 평소에도 엄마들에게 초등 중학년 정도가 되면 아이를 정말 좋은 학원에 보내라고 권유하곤 한다. 좋은 학원은 강사 분들의 실력뿐 아니라 인성까지 훌륭하고, 학생들을 책임감 있게 관리하는 학원을 뜻한다. 초등학교 4학년부터 중학교 3학년까지는 선생님의 영향을 생각보다 많이 받기 때문이다. 좋은 어른을 만날 수 있게 다리를 놓아 주는 것이 엄마의 역할이다.

고등학생들은 학교에서 지내는 시간이 많아지니 학원 선생님보다 학교 선생님의 영향력이 커진다. 물론 어느 학교에나 학생들의 고민과 꿈, 현실적 어려움에 깊은 관심을 가지는 선생님이 있다. 그런 선생님이 있는 학교가 좋은 학교다. 꼭 특목고가 아니어도 괜찮다. 일반고에서도 학생 개개인의 정서와 가능성을 살피고 맞춤형으로 보살펴 준다면 그곳이 바로 좋은 학교니까.

그렇다면 엄마는 정말 아무것도 안 해도 되는 것일까? 엄마의 역할은 따로 있다. 이때 엄마는 지원자가 되어야 한다. 최대한 간섭하지 말자. 사춘기 아들에게 말과 행동을 최대한 아끼고 절제하면 좋겠다. 너무 많이 대화하려고 애쓰지 말아야 한다. 이제 머리가 굵은 아이들은 엄마의 간섭을 노골적으로 싫다고 말하기도 한다. 엄마가 말을 줄이고 기본적인 의식주만 해 주어도 아들과의 사이는 나빠지지 않는다.

엄마가 아들과 깊고 끈끈한 관계를 가져야 할 시기는 유아에서 초등학교 3학년까지다. 많이 이야기해 주고, 많이 웃어 주고, 많이 안아 주자. 이때 쌓았던 아름다운 추억은 힘든 사춘기를 버티고 정상 궤도로 돌아오는 에너지원이 된다.

그리고 조금 이기적인 아이들은 어려서부터 큰 꿈을 갖게 해 주자. 그 이기적인 마음이 결국 아이를 구원할 수도 있다. 목적이 뚜렷한 아이는 내 꿈을 이루는 데 방해되는 일을 그리 오래 하지는 않는다.

어렵고 힘든 시기다. 마음을 단단히 먹고 지켜보았으면 좋겠다. 든든한 지원자인 엄마가 흔들리지 않는다면 아이도 절대 무너지지 않을 것이다.

아들에게
매너를 가르치자

삶에서 겪게 되는 크고 작은 문제들은 사실 인간관계 때문에 벌어지는 경우가 많다. 기본적인 소통이 잘못되었거나 불필요한 감정이 끼어들었거나 서로 지켜야 할 영역을 넘어서는 경우들이다. 그러다 보니 사람 관계에서 호의적인 마음을 잘 전달하고 불편함을 최소화하는 것도 어쩌면 중요한 기술처럼 생각된다. 그 기술을 우리는 다른 말로 '매너'나 '예의'라고 부르는 게 아닐까?

남녀를 구분 지어 생각하고 싶진 않지만, 딸에 비해 아들이 이런 인간관계 기술에 서투른 게 사실이다. 생물학적 차이라기보다는 성장의 배경이나 환경이 더 큰 이유인 것 같다. 기본저으로 아들에게 허용되는 것이 많았다.

'남자애가 다 그렇지 뭐.' '크면 알아서 배우게 되어 있어.' '애가 마음은 안 그런데 표현을 잘 못해서 그래.'처럼 아들을 대할 때 소통의 미숙함을 적당히 용인해 주거나 거친 표현을 두고 '사내답다'고 칭찬하지는 않았던가. 그에 비하면 딸에게는 친절과 배려의 태도를 너무 과도하게 요구하지는 않았는지도 반성해 봐야 할 것이다.

매너나 예의는 남녀의 문제가 아니다. 누구나 어느 수준 이상의 기본적인 에티켓은 숙지하고 있어야 한다. 그래야 그것을 필요한 순간에 꺼내어 쓸 수 있다.

힘 잘 쓰는 사람은 그저 힘이 세기만 한 사람을 말하는 게 아니라, 상황에 맞춰 자기 힘의 강도를 조절할 수 있는 사람이라고 한다. 어떨 때는 강도 3으로, 어떨 때는 강도 7로, 주변을 생각해서 에너지를 조절할 수 있는 사람이 지혜로운 사람이고, 그것이 가능할 만큼의 힘을 보유한 사람이 강한 사람 아닐까?

매너도 마찬가지다. 모든 자리에서 깍듯하고 예의 바르게 행동할 필요는 없다. 친구들과 놀 때는 편하게 놀 줄도 알아야 하고, 엄마 아빠 앞에서는 귀여운 아들이 되어도 문제가 없다.

그러나 상황이 바뀌면 자세와 태도도 바뀌는 게 맞다. 또래 아이들과 낄낄거리며 장난치다가도 어른 앞에서는 공손한 말투를 써야 하고, 엄마 아빠에게 어리광을 떨다가도 학교나 공식적인 자리에선 점잖게 서 있을 줄도 알아야 한다. 학교 공개수업에 갔다가 의젓한 아들의 모습을 보며 감격해하는 엄마들도 더러 있다. "어머, 우리 아들이 밖에서는 멀쩡하네." 하면서 말이다.

어린 시절부터 올바른 매너를 배운 아들이라면 이후의 삶에서도 나쁜 소리 들을 일은 거의 없을 것이다. 그렇기 때문에 아들이 어느 정도 자라면 평소에 집에서 엄격하게 매너 교육을 시킬 필요가 있다고 강조하는 것이다.

매너 교육은 복잡하고 어려운 것이 아니다. 기본적으로 인사를 잘하게 가르치면 된다. 아는 어른을 만나면 "안녕하세요."라고 먼저 밝게 인사하고, 작은 도움을 받았을 때 "고맙습니다."라고 씩씩하게 말할 줄 아는 아이는 얼마나 사랑스러운가.

아마 그 시작은 아파트 엘리베이터가 될 것이다. 좁은 엘리베이터에서 아래층에 사는 어른을 만났을 때 "안녕하세요."라고 먼저 인사하면 대부분의 사람들은 웃으며 답을 할 것이다. 만일 모르는 척하는 분들이 있어도 속상해하지 말라고 말해 줘야 한다. 인사는 꼭 답변을 받아야 하는 것도 아니고, 아마 그분은 다른 생각을 하느라 답을 못했을 거라고, 네 잘못이 아니라고 반드시 말해 줘야 한다.

좋은 자세를 알려 주는 것도 필요하다. 성인이 된 남자들 중에서도 예의 없다는 지적을 받는 이들이 꽤 있다. 말투나 대화 내용 같은 언어적인 문제들도 있지만 자세나 눈빛 같은 비언어적 행동에서 비롯되는 것도 참 많다. 상대와 대화를 할 때 삐딱한 자세로 서 있거나, 딴 곳을 계속 쳐다봐서 '내 말을 무시하는 건가' 하는 오해를 받는 경우다. 식사하는 내내 다리를 떠는 남자들은 아무리 멋지고 좋은 말을 한다고 해도 곱게 보이지 않는다. 똑바로 서 있는 것, 바르게 앉는 것, 대화할 때 시선 처리도 소통의 방법이라는 것을 알려 주면 좋겠다.

아이들이 언어를 깨우칠 때 바른 존댓말을 알려 줄 필요도 있다. 물론 집에서는 부모님께 편하게 이야기를 하다 보니 존댓말을 배울 기회가 예전만큼 많지는 않을 것이다. 하지만 밖에 나가서는 다르다. 다섯 살이면 기관에 가고 여덟 살이면 학교에 가야 한다. 그리고 그곳에 가서는 선생님과 어른들에게 집에서와는 다른 언어를 써야 한다.

인사 잘하고 자세가 바르고 존댓말만 잘해도 반은 성공이다. 예의 바른 아이를 미워할 어른은 없다.

어른에게 잘 보이는 방법만 알려 주면 자칫 중요한 사항을 놓칠 수가 있다. 여기에서 중요한 것은 자신의 의견을 정확히 말하는 것이다. 즉, 싫거나 거부하고 싶으면 분명히 'No'라고 말할 수 있어야 한다. 나보다 나이 많고 몸이 큰 어른에게도 말이다. 한국에서 어른들에게 'No'를 하는 것은 버릇없는 태도로 여겨지기도 했다. 그러나 이것은 어른 공경의 개념이 아니다. 자기를 지키고 보호하는 생존의 문제이기도 하다.

자, 여기에서 '기술'이 필요하다. 어른들에게 미움 받지 않고 예의를 갖춰 거절하는 방법을 가르치면 된다.

"너의 생각을 천천히 힘을 주어 말해 봐. 네 말이 맞으면 어른도 이해할 거야. 울지 말고, 소리치지 말고, 무서워하지 말고 정확하게 말해 봐. 어른들이 알아들을 수 있게 평소보다 큰 소리로 천천히 얘기하는 게 좋아."

이것이 몸에 잘 밴 아이들은 권위 있는 상대와 생각이 다를 때에도 주눅 들지 않고 조곤조곤 자기주장을 펼칠 줄 안다. 선생님에게도 친척 어른들에게도 마찬가지다. 말대답한다고 미움 받기는커녕 바르게 말 잘하는 아이라는 칭찬을 들을 것이다.

만일 아이를 윽박지르고 고집만 피우는 어른이 있다면 이는 우리 아이의 잘못이 아니라 어른의 나쁜 행동이라고 말해 주자. 우리 아이가 'No'를 해서 피해를 당하지 않았다면 충분한 성과가 있는 것이다.

자기 생각을 차근차근 잘 이야기하는 아이들을 가만히 지켜보면 그 뒤에는 언제나 말이 끝날 때까지 집중해서 들어 주는 부모가 있다. 엉뚱한 말만 한다고 윽박지르는 아빠, '쪼끄만 게 뭘 안다고 그래.'라며 무안 주는 엄마 밑에서는 말할 기회도 없고 말하고 싶지도 않을 것이다.

처음부터 말을 잘하는 아이들은 별로 없을 것이다. 쑥스러울 수도 있고, 자기 말이 맞는지 확신이 없어서 못할 수도 있다. 그러나 내 말을 잘 들어 주는 사람이 한 명만 있어도 아이의 말솜씨는 늘게 된다. 고개를 끄덕여 주고 맞장구쳐 주고 아이의 의견을 존중해 준다면 우리 아이들은 신나서 말을 할 것이다. 이 모든 일은 가정에서부터 시작된다.

아무리 어린 아이의 말이라도 귀를 기울여 들어 보자. 자신의 가치를 알아봐 주는 부모와 함께 살아가는 아이들은 세상 어디에 가도 또렷하게 자신의 의견을 말할 것이다. 스피치 교육은 학원에서만 하는 게 아니다. 가정에서 부모와 함께하는 게 그 시작이다.

매너 교육은 처해진 상황과 만나는 상대에 따라 나의 역할과 태도를 제대로 인지하는 것에서부터 출발한다. 다양한 그룹에서 친구를 만나는 경험은 매너를 배우는 데 도움이 된다고 본다.

남자아이들 중에서 주목받기 좋아하고 대장 노릇 좋아하는 기질을 가진 아이들이 꽤 많다. 이런 아이들은 어디서나 주인공이 되어야 한다. 만일 주인공이 되지 못한다면 화를 내고 적을 만들곤 한다. 그리고 결국은 그 그룹에서 불편한 존재가 되고 만다.

우리 아들들에게 타인에 대한 배려와 협업을 가르치자. 함께하는 즐거움을 깨닫는 것도 큰 공부다. 어른이 되어도 독불장군이 되어서는 안 되고, 요즘 시대가 원하는 인재상은 협업을 기본으로 한다는 것도 알려 줘야 한다.

또 어떤 남자아이들은 나서는 것은 싫어하지만 주어진 일은 열심히 하기도 한다. 전체를 책임지는 것은 부담스럽지만 본인이 맡은 역할은 최선을 다하는 것이다. 부모가 보기에는 매우 답답하다.

"남자가 꿈이 커야지."

"애가 포부가 없어."

이런 아이는 성장하면서 변하기도 하니 미리 걱정할 필요는 없다. 고등학교에 가면서 두각을 나타내기도 하고 대학에 들어가 왕성한 활동을 하기도 한다. 그러니 섣부른 판단은 피하는 게 좋다. 차후 리더가 된다면 멤버들의 입장을 잘 알기에 소통을 잘하는 멋진 리더가 될 것이다.

현대 사회를 살다 보면 위치와 역할은 계속 바뀌고 그에 따른 매너와 예의도 달라진다. 그것을 유연하게 알려 주는 것도 필요하지 않을까?

회사 부장님도 동호회에 들어가면 신입 회원의 역할을 해야 하고, 집에서는 귀염둥이 막내도 어떤 단체에서 장이 되면 카리스마 있는 모습을 보여야 하니 말이다.

감정도
교육이 필요하다

한국 사회에서 남성들은 감정 표현에 많은 억압을 받아 왔다. 기뻐서 펄쩍펄쩍 뛰거나 슬퍼서 엉엉 우는 것을 점잖지 못한 행동으로 여기곤 했다. 내 몸이든 물건이든 자주 사용하고 여러 상황에 적용해 보면서 사용 방법도 익히고, 더 잘 쓰는 노하우도 배우게 마련인데 여러 이유로 내버려 두다 보니 남성들의 감정 표현력도 둔화되는 것 같다. 나이 든 남성들이 감정을 제대로 표현하지 않고 묵묵히 있다가 엉뚱한 부분에서 화를 내는 경우도 많이 봐 왔다.

다행히 요즘은 남자든 여자든 자기 감정을 제대로 관리하는 것이 중요하다는 인식으로 바뀌었고, 어린이에게도 질 높은 감정 교육을 시켜 주는 것 같다. 관련된 그림책도 많고 영상도 많다. 그런 교육 콘텐츠를 이용하는 것도 좋지만 아들의 엄마라면 야단을 치면서도 면밀하게 아이의 감정을 살펴봐 주면 좋겠다.

우리 아들들은 참 많이 혼난다. 대여섯 살만 지나면 엄마가 소리 지르는 건 그냥 일상이 된다. 뛰어도 야단맞고, 굼뜨게 행동해도 야단을 맞는다. 많이 먹는다고 야단 듣고, 너무 적게 먹어도 한 소리 듣는다. 야단도 습관이다. 하다 보면 그냥 넘어갈 수 있는 일에도 잔소리를 하게 되고 듣는 사람도 그런가 보다 한다. 아들들은 혼나기가 무섭게 언제 그랬냐는 듯이 헤헤거리기도 하지만, 아들에게 수시로 소리 지르고 혼내는 것을 너무 쉽게 생각해서는 안 된다.

"앤 혼나도 그냥 웃어요." "우리 아들은 생각이 없어요."라며 아들이 무뎌서 괜찮다고들 한다. 하지만 꼭 그런 것은 아니다. 아이에 따라서 예민하게 받아들일 수도 있고, 상처를 받았지만 아닌 척 넘어가는 경우도 있지 않겠는가.

자기가 한 행동에 비해 너무 심하게 혼나거나 면박을 받으면 누구라도 기분이 나쁘다. 기분 나쁜 표현을 안 했을 뿐 감정은 상한다. 지금은 엄마 아빠가 무서워서 참는 것이지 분노나 억울함의 감정은 차곡차곡 쌓여 훗날 조절하기 어려운 크기와 방향으로 튈 수도 있다. 감정은 제대로 표현하고 억눌린 악감정은 그때그때 풀어야 한다. 그것이 건강의 비결 아닐까?

그렇다고 무조건 아들 말이 최고라고 떠받들면 안 된다. 시간과 장소에 상관없이 마음껏 감정 표현을 하면 안 되니까. 가정에서나 학교에서나 자신의 위치가 있고 역할이 있다. 부정적인 감정을 너무 자주, 강하게 표현하면 선생님도 지치고 친구들도 멀어질 것이다. 아이가 어느 정도 크면 남들 앞에서 드러내야 하는 감정, 속으로 삭여야 하는 감정, 적절한 크기로 슬기롭게 표현해야 하는 감정을 구별할 줄도 알아야 한다. 감정 교육이란 게 신경 쓸 게 한두 가지가 아니구나 싶다.

제대로 된 감정 교육을 위해 가장 먼저 해야 할 일은 무엇일까? 바로 내 감정의 색깔을 아는 것이다. 비 온 뒤 무지개를 보며 우리는 일곱 색깔이라고 말하지만 사실 빨강부터 보라 사이에는 수많은 색의 스펙트럼이 연결되어 있다. 그 색들에게 이름을 붙여 주는 만큼 색의 개수를 알게 된다. 이름의 개수는 그 존재의 개수이다.

감정도 마찬가지다. 김영하 작가는 소설을 공부하는 학생들에게 '짜증 난다'라는 어휘를 못 쓰게 한다고 말했다. 이유는 너무 많이, 너무 쉽게 사용하는 감정 표현이기 때문이다. 인간을 괴롭히는 부정적인 정서의 가짓수는 무궁무진한데 모든 걸 너무 쉽게 "짜증 나!"라는 말로 묶어 버린다면 정확하고 세밀한 감정을 알 기회는 사라진다.

그렇다. 지금 나의 마음에서 치밀어 오르는 이 나쁜 감정이 우울인지, 분노인지, 서운함인지, 쓸쓸함인지 언어로 구별할 줄 아는 것이 멘털 관리의 첫 단추일 것이다. 내가 아는 어휘가 '화난다'밖에 없어서 지금 이 감정을 화로 받아들이면 화내지 않아도 되는 상황에서 화를 내게 된다.

나에게 '슬프다'의 정서가 마냥 익숙해서 지금의 감정을 슬픔으로 인식하면 당당하게 분노해야 될 때도 눈물을 흘리며 고개를 숙이게 된다.

나의 저서 《초등 엄마 관계 특강》에서 아이와 함께할 수 있는 감정 교육 활동으로 '감정 카드 만들기'를 소개했었다. 국어사전을 통해 감정을 뜻하는 다양한 단어들을 알아보고, 내 상황에 적용하여 짧은 글짓기를 하는 방법이다. 비슷해 보이지만 조금씩 다른 감정의 어휘들을 알아보고 살피는 것이 이 활동의 핵심이다.

이런 훈련을 통해 익힌 인간의 감정은 정확하게 알면 알수록 내 삶을 바꾸는 데 도움을 준다.

먼저 나와 상대를 치유할 수 있다. 내 마음을 시원하게 표현하고 제대로 해소해 본 적 있는가. 다른 문제가 해결되지 않았음에도 많은 것이 치유되는 놀라운 경험을 할 수 있다. 내 마음을 잘 아는 사람은 상대의 마음도 살필 줄 안다. 자신의 감정에 예민하고 표현할 수 있는 사람은 다른 이의 눈빛과 말투의 변화, 약간의 정보들만 가지고 '아, 저 사람은 지금 이런 감정이구나.'를 파악하며 적절한 위로나 도움을 줄 수 있다.

두 번째는 쓸데없는 감정 소모를 줄여 주는 것이다. 감정에 둔한 사람이 괜한 눈치까지 보느라 힘든 경우가 많다. 누군가 화가 난 것처럼 보이면 '내가 뭘 잘못했나?' 하고 주눅부터 드는 것이다. 결혼 초기에 다들 한 번쯤 경험해 봤을 것이다. 남편이 기분이 나빠 보이면 "왜 또 저래?"라고 볼멘소리를 하면서도 나도 모르게 어쩐지 위축이 되고 저자세가 된다. 다 큰 어른도 그러한데 아이들은 오죽하겠는가. 우리 아이들도 부모가 잔뜩 짜증이 난 것 같으면 눈치를 본다. '또 내가 뭐 잘못했나.' '엄마가 나 때문에 화가 났나.' 하며 전전긍긍할 것이다. 그러나 상대의 감정을 제대로 안다면 그의 기분이 나와 관계가 없다는 것도 알 수 있고 내 정서와 분리시킬 수 있다.

'엄마가 일이 있어서 머리가 아픈가 보네.'

'아빠가 오늘 좀 피곤한가 보다. 조금 기다려야지.'

괜한 죄책감에서 벗어나는 것만으로도 훨씬 마음이 편하고 자유롭지 않겠는가.

감정을 잘 알아야 하는 마지막 이유는 분명한 이익이 되기 때문이다. 감정은 곧 심리고 현대 사회의 마케팅은 대부분 심리와 연결된다. 상대를 관찰하고 욕구를 파악하고 감정을 읽어 낸다면 설득도 쉬워진다. 훌륭한 마케터들은 심리의 달인들이다. 꼭 물건을 파는 것만이 마케팅이 아니다. 내 가치관이나 정보를 전달하고 상대를 움직이게 만드는 것은 모두 마케팅이 아닐까? 대인 관계, 소통 능력, 협업과 같은 기본적인 자질 모두 인간 정서와 관계가 있다. 나와 타인의 감정을 잘 아는 사람이 진정한 능력자인 것이다.

오늘부터 조금은 소홀히 대했던 우리 아들의 감정을 세심하고 부드럽게 살펴 주면 어떨까? 아이의 감정만큼 미래의 가능성도 하늘의 무지개처럼 다채로운 색깔로 피어날 것이다.

친구와의 경쟁에
힘들어한다면

시기와 질투를 여성의 전유물처럼 말하는 사람들이 있다. 아들과 딸을 모두 키워 본 입장으로서는 말도 안 되는 소리라고 생각한다. 오히려 상대보다 우위에 서고자 하는 남자들의 욕망이 얼마나 대단한지 옆에서 지켜보며 혀를 내두를 때가 많으니까.

사실 경쟁 심리를 느끼고 남보다 잘나고 싶어 하는 건 성별과 관계없는 모든 인간의 욕망이다. 사회 문화적으로 여성들은 욕망을 들키지 않으려고 조심하는 것에 비해 남성들은 극대화한다. 아직 인간관계의 스킬이 부족하고 대화가 서툰 남자아이들은 더더욱 거칠고 폭력적인 방식으로 욕망을 드러내게 마련이다. 그러다 보니 아들이 커 가면서 친구 사이의 경쟁심 때문에 보이지 않게 속앓이를 하는 경우도 참 많다.

서열을 정하는 것은 수컷의 본능이라고들 한다. 아들들이 별생각 없이 학교에 가는 것 같아도 어느 정도 크면 자신의 서열과 포지션에 무척이나 민감하다. 덩치 깨나 있다는 녀석들은 새 학년 새 반이 정해지면 '나보다 더 세 보이는 애들은 누구누구인가' 눈치를 쓱 살핀다. 체육에 자신 있는 아이들도 내가 여기서 몇 등 정도 할지부터 살핀다. 공부 잘하는 아이들도 친구한테 밀리지 않으려고 정신을 바짝 차린다.

꼬맹이 서너 명이 같이 놀 때도 누가 대장 역할을 하고 누가 참모 역할을 할지 열심히 논의하지 않던가. 우리가 흔히 쓰는 '호형호제'라는 말 속에는 친근감뿐 아니라 위아래를 정리한 후에 친분을 갖는 남성들의 묘한 관계 방식이 숨어 있다. 남자들은 누가 형이고 누가 아우인지 초반에 꼭 정해야 말이 시작되곤 하니까.

문제는 리더가 되고 싶었지만 그렇게 되지 못했을 때, 친구를 경쟁자로 생각하는 경우다. 건강한 방식으로 표출되면 좋겠지만 욕을 하고 깎아내리며 괴롭히는 경우도 즐비하다.

나는 아들을 키우면서 이런 문제를 많이 겪었다.

"엄마, A 때문에 신경 쓰여."

"엄마, B가 자꾸 경쟁하려고 해."

우리 아들은 타인과의 경쟁을 좋아하는 편이 아니다. 타인의 평가보다는 자기만족이 더 중요한 스타일이다. 그런데도 불구하고 한 반에 한 명씩은 꼭 우리 아들을 경쟁 상대로 삼고 사사건건 시비를 걸거나 뒤에서 흥을 보거나 대놓고 방해를 하는 친구들이 있었다. 그 학생들의 대부분은 '내가 너보다 똑똑하고 나은 것 같은데 네가 뭐가 그리 잘났냐?' 하는 경우였다. 아들은 사소한 감정싸움에 신경 쓰기 싫다고 하면서도 내심 스트레스를 받곤 하였다.

성인들 중에서도 누군가가 뛰어난 면모를 보이면 심통을 부리는 사람들이 있다. 자기랑 비슷하거나 밑이라고 생각했는데 더 낫다고 하면 괜히 화를 낸다. 자기 자신이 중심에 서 있다면 다른 이와 비교하지 않고도 자신 있고 행복한 삶을 살 수 있을 텐데, 못난 생각으로 스스로를 괴롭히는 처사다.

다 큰 어른들도 그러한데 미성숙한 청소년기의 남학생들은 오죽했을까? 질투심 강한 친구들은 교묘하게 덫을 놓고 유언비어를 퍼뜨리며 스트레스를 주기도 했다. 청소년기는 친구가 무엇보다 소중한 시기인데 친구로부터 묘한 견제를 받는 상황을 아들은 힘들어했다.

다행히 엄마인 나에게 이야기해 주었고 깊은 대화를 나눌 기회가 있었다. 내가 제시한 솔루션은 세 가지였다.

첫째, 그 아이랑 잘 지내 보아라.

친해진다는 것은 협상이다. 내가 하나를 주면 그도 하나를 줄 것이고, 내가 그를 인정해 주면 그도 나를 인정해 줄 것이다. 해소하지 못한 감정이 있을 수도 있고, 스스로 부끄러움을 느낄 수도 있다. 상대가 원하는 포인트를 파악한다면 갈등을 해결할 수도 있을 것이다.

둘째, 그게 안 되면 역량을 키워라.

상대가 라이벌로 느끼지 못할 만큼 소위 '넘사벽'의 존재가 되는 것이다. 서열에 민감한 사람은 자기와 엇비슷하거나 조금 뛰어난 이를 질투하며 괴롭힌다. 아예 비교 대상이 못 될 정도로 올라서 버리면 고개를 숙일 것이다.

셋째, 친구 관계를 끊어라.

모두와 잘 지낼 필요는 없다. 흔히들 같은 반 친구와는 무조건 친하게 지내라고 가르친다. 배려하고 양보하며 한번 맺은 우정은 영원히 지키라고들 한다. 그러나 살다 보니 인연은 그런 절대적인 것이 아니었다. 나를 너무 고통스럽게 하는 인연은 좋은 인연이 아니며, 자연스럽게 흘려보내도 된다는 것을 알게 되었다. 나는 우리의 인생은 짧고 나에게 좋은 영향을 주는 인성 좋고 지혜로운 사람을 사귀기에도 부족하다고 생각한다. 풀고자 노력하고 좋은 모습을 보여 줬음에도 변하지 않는다면 그 관계를 정리해도 된다고 아들에게 가르쳤다. 같은 반에서 매일 얼굴 보는 친구를 모르는 척하는 건 쉽지 않을 것이다. 그러나 나쁜 관계를 힘들게 끌고 갈 필요는 없다고 알려 주면 좋겠다.

다행히 아들은 내가 권유한 세 가지 방식을 잘 새겨들었던 것 같다. 훗날 대학이나 회사에서도 유치한 서열 싸움에 괜한 감정을 낭비하지 않게 되었다고 한다. 남과 비교하며 깎아내리는 사람들이 많다면 그 조직은 수준이 낮은 조직이다. 그럴 때 웃으며 그곳을 떠나 더 높고 넓은 곳으로 훨훨 날아가면 그만이다. 그에 필요한 실력은 스스로 준비하면 되니까.

무딘 것처럼 보이는 아들들도 친구 관계 때문에 보이지 않게 힘들어할 때가 많다. 그럴 때 엄마는 인생 선배로서 작은 팁을 줄 수도 있다.

물론 정말 무심한 아이들도 더러 있다. 누가 나를 미워하든 누가 나를 욕하든 정말 상관이 없는 것이다. 천성이 다른 사람에게 큰 관심이 없는 기질인데 세상 속 편한 케이스가 아닐까 싶다.

Q. 브루스가 생각하는 인간관계에서 가장 중요한 것은?

A. 세상에 공짜는 없다는 원리가 아닐까요? 누군가 나한테 호의를 베풀었다면 나 또한 그에게 갚아야 할 것이 생기는 것이죠. 상대방 역시 그것을 기억한다는 게 참 중요하다고 봐요.

내가 누구에게 도움을 받으면 어느 정도의 마음을 표현해야 한다고 생각합니다. 상대방도 내심 무언가 돌려받고 싶은 마음이 있을 것이고, 전혀 없다고 할지라도 보답하려고 노력하는 모습만으로도 기쁨을 느끼는 게 사람이니까요.

주변을 보면 나의 이익을 극대화하기 위해 인간관계를 이용하는 사람들도 참 많아요. 그런 사람들은 '내가 이 관계에서 최대 이익을 달성했으니 잘했구나.' 하고 생각하겠지요. 하지만 상대방은 어떨까요? 상대방이라고 객관적인 상태를 모르고 있을까요? 그 또한 누군가는 얻고 자신은 잃는 것을 지켜보고 있을 겁니다. 상대의 마음까지 챙기지 않은 인간관계는 길게 가기 어렵지요.

Q. 좋은 사람을 만나려면 어떻게 해야 할까요?

A. 내가 먼저 무언가 줄 수 있는 사람이 되어야 한다고 생각해요. 그래야 나에게 도움을 줄 만한 사람도 만날 수 있다고 봅니다. 다들 인맥, 인맥 하며 술자리를 갖고 모임을 이어 나가지만 사실 그런 자리가 인간관계의 본질은 아니잖아요. 자리마다 참석해서 잘 놀고 온다고 그의 인간관계가 질적으

로 발전할까요? 저는 아니라고 봅니다. 소위 사회에서 말하는 훌륭한 사람, 누군가 필요로 할 때 도움을 줄 수 있는 자격이 갖춰진다면, 애써 술자리에 나가지 않아도 주변에 괜찮은 사람들이 모일 거라고 생각해요.

그리고 좋은 사람들이 모여 있는 환경으로 찾아가는 것도 중요합니다. 보통 사람들은 자기가 어떤 환경에 처하게 될지 알 수 없고, 통제하기 어렵다고 생각해요. 사실 원하지 않은 가정 환경에 처하기도 하고, 가고 싶지 않았던 학교나 직장, 계획하지 않은 환경에서 삶을 꾸리는 경우가 많지요. 말 그대로 환경은 백 퍼센트 내 뜻대로 되지 않지요.

하지만 지금의 환경이 영원할 것이라는 생각은 버리면 좋겠습니다. 내가 처한 환경이 불만족스럽다면 내가 만족할 만한 다른 환경으로 넘어가면 되니까요. 짧든 길든 준비를 철저히 하고 실행하면 얼마든지 환경을 바꿀 수 있다고 봅니다.

Q.　직장 상사나 어른을 대할 때 무엇을 유의하면 좋을까요?

A.　모든 사회에는 암묵적인 룰이 있고 지배적인 규칙이 있습니다. 직장 상사나 어른들은 그 규칙을 아주 잘 인지하고 계시죠. 저 또한 규칙은 존중해야 한다고 생각합니다. 그런데 가끔 그 규칙을 악용하는 경우도 있죠. 직장 상사나 나이 많은 분이 지위를 내세워 부당한 요구를 한다거나, 자기 일을 떠넘기는 경우가 특히 그렇죠.

젊은 사람들은 그런 상황이 자기에게 닥칠까 봐 무척 두려워하는데요, 그렇다고 미리 불손하게 대하거나 공격적인 태세를 갖는 건 프로답지 못하다고 생각해요. 그런 반응을 통해서도 상대는 나를 간파할 수 있거든요. '얘는 뭔가 불안해 보이는구나.' '이 관계의 주도권은 나에게 있구나.' 하고 말이지요. 이런 부분에 있어서 나의 취약점을 드러내는 건 전략적이지 못한 처사라고 생각합니다.

규칙은 표면일 뿐입니다. 큰 의미를 부여할 필요는 없어요. 상대의 요구가 나에게 큰 손해를 끼칠 것 같으면 실질적인 근거를 들어 회피할 수도 있고, 일부분은 수용하는 모양새를 만들되 실리는 내가 가져가는 방향으로 설계할 수도 있거든요. 잘 버티면서 탈출 계획(?)을 세우는 것도 방법이고요.

사실 지위에 따른 위계질서 같은 사회적인 코드는 내가 통제할 수 있는 부분이 아니더라고요. 우리나라만 그런 것도 아니며 외국에 나가 봐도 다 똑같아요. 다양한 군상에 맞게 다른 코드가 있고, 사회가 변하면 그러한 것들도 바뀌게 마련이에요. 프로라면 이런 겉모습에 큰 의미를 주지 않고, 지킬 건 지키고 얻을 건 얻으면 된다고 생각합니다.

Q. 질투가 심한 친구, 어떻게 대하면 좋을까요?

A. 한 나라가 다른 나라와 잘 지내려면 외교는 필수적이죠. 그러나 외교만 잘한다고 해서 강대국이 될 수는 없습니다. 오히려 국력을 키워야 스스로 지킬 수 있습니다.

자신을 위협하는 나라와 외교적 관계를 잘 만들어 두되, 국력을 키워 두면 경쟁에서 이길 수 있다고 봅니다. 국력이 강하다며 독불장군처럼 행동하면 보지 않아도 될 손해를 볼 수 있고, 반대로 너무 외교에 치중하다 보면 중심을 잃고 끌려다닐 수도 있어요.

어렸을 때부터 시샘하는 친구들 때문에 힘든 적이 많았는데요, 이런 생각을 하고 난 다음부터는 감정을 잘 다독일 수 있게 되었어요. 비슷한 일을 당할 때마다 '국력을 키우며 필요한 외교를 한다'고 생각했습니다. 저도 사람인지라 감정을 아예 없앨 수는 없지만, 결국 전체 맥락을 파악하고 나면 큰 상처 없이 내가 원하는 방향으로 나아갈 수 있었어요.

Q. 어떤 친구가 좋은 친구일까요?

A. 나이에 따라 친구와 시간을 보내는 방식도 변화하는 것 같아요. 나랑 잘 놀아 주는 친구, 내 얘기를 잘 들어 주는 친구도 좋지만 진짜 도움이 되는 친구는 자기 인생을 열심히 사는 친구 같아요. 무언가를 이뤄 본 경험이 있고, 계속 도전하는 친구들은 실질적인 조언을 아낌없이 해 주거든요.

사실 친구를 만나서 백날 스트레스에 대해 하소연한다고 해서 문제가 해결되는 것도 아니고, 각자 결혼하고 아이를 갖게 되면 그것마저 들어 줄 여유가 없어지죠.

하지만 각자의 위치에서 열심히 사는 친구들은 오랜만에 만나도 미래를 설계하는 데 도움이 되는 중요한 조언을 해 줄 때가 많아요. 얼마 전엔 대기업에서 스타트업으로 이직한 친구가 회사 운영 방식의 차이나 업무에서의 경험을 들려주었는데 정말 큰 도움이 되었거든요. 물론 실질적 도움만을 바라고 친구 관계를 맺는 건 아닙니다. 그러나 어른이 된 이후 서로 도움을 주고받는 좋은 친구란 이런 모습이 바람직하지 않을까 생각했습니다.

4장

★

★

아들의 성에
다가가기

성(sex+gender)교육의
필요성

'성인지 감수성'이나 '젠더 교육' 등은 최근 들어 이슈가 된 교육 화두다. 과거에도 남자다움이나 여자다움을 강요하는 태도나 은근한 차별적 언행에 대해 불편함을 느끼는 사람들이 있었지만 그것을 정확히 언급할 명칭까지는 보편적으로 확산되지 않았다. 그렇지만 이제 어디서나 양성평등에 대해 이야기하고, '남'과 '여'에 씌운 편견적 프레임을 섬세하게 포착하는 사람들이 많아졌다. 우리 사회가 그만큼 인권에 대해 관심이 많아졌다는 증거다.

그런데 워낙 성교육이 트렌드가 되었고, 매체에서도 성교육의 중요성에 대해 이야기하니, 엄마들은 어쩐지 중요한 숙제가 더 생긴 것 같은 기분일 것이다. 어디서부터 어떻게 접근해야 할지, 괜찮은 교육 프로그램이 있는지, 이것도 사교육처럼 전문가의 도움을 받아야 하는지, 때를 놓쳤다가 괜히 우리 아들이 나중에 잘못된 성 인식을 갖는 게 아닌지. 걱정도 되고 부담스럽기도 할 것이다.

지인 중의 한 분은 아이가 초등 고학년이 되자 '아우성 맞춤 성교육'의 팀 수업을 의뢰했다. 또래 친구들 여섯 명을 한 팀으로 구성해 강사를 초빙해 성교육을 받는 형태인데 만족도가 높았다고 한다. 유네스코 〈국제 성교육 지침서〉에 의하면 성교육은 5~8세, 9~12세, 12~15세, 15~19세 4개 그룹으로 나누어 각 나이에 적합한 내용을 교육하면 효과적이라고 한다. 이 분도 아이가 중학교에 들어가면 다시 성교육을 받아야겠다고 했다.

성교육에 적극적인 분들은 이렇게 할 수도 있지만 대부분의 학부모들은 성교육을 어려워하고 쑥스럽게 생각하기도 한다.

나 또한 성교육 전문가가 아니고, 아직 어린 아이들과 파격적으로 성에 대해 터놓고 이야기할 만큼의 용기도 없다. 그러나 돌이켜 생각해 보면 두 아이에게 평소에 대했던 행동이 지금 이야기하는 성 의식과 크게 벗어나지 않았다고 생각한다.

아이들에게 먼저 가르쳐 줘야 할 것은 성에 대한 지식이 아니라 모든 사람이 평등하고 소중하다는 의식이다. 노인이든 아이든, 못 배운 사람이든 많이 배운 사람이든, 어니에 살든, 어떤 피부색이든, 모든 사람을 예의 있게 대하고 존중하는 것이다. 그것을 배우면 절대 여성에게 혹은 남성에게 함부로 대하지 않을 테니까.

네 살 터울의 아들과 딸을 키우면서 인성 교육이 중요하다고 생각했고, 두 아이를 평등하게 대하려고 애썼다. 남자와 여자를 떠나서 인간 대 인간으로 소중한 존재였기 때문이다. 그런 마음이 자연스럽게 젠더 교육으로 연결되었으리라 짐작해 본다.

일단 부모가 아이의 인격을 존중하고자 하면 당연히 성차별적인 발언은 삼가게 된다.

"남자가 그런 걸로 삐지니?"
"남자는 우는 거 아니다."
"여자가 그렇게 행동하면 어떡해?"
"여자답게 좀 행동해라."

이런 말들은 아이의 감정을 상하게 할 뿐 아니라 남자와 여자의 고정된 역할을 강제적으로 주입시키게 되는 것이다.

사람은 다 다른데 개인의 특성은 무시한 채 고정된 틀만 강요한다면 이는 얼마나 힘든 일인가. 특히 '남자는 강해야 한다'라는 프레임을 씌워 놓으면 우리 아들들은 무조건 강해야 하고, 실제로 강하지 않더라도 강한 척해야 한다. 대범하라고 했으니 작은 이익은 버려야 하고, 정말 갖고 싶은 것이 있더라도 양보해야 한다. 개인의 행복은 포기하면서 말이다.

생각해 보면 아직도 은연중에 아이를 정해진 성 역할에 가둬 넣는 일은 여전히 많은 것 같다. 엄마 상어는 어여쁘고, 아빠 상어는 힘이 세다. 남자 화장실엔 파란색 그림이, 여자 화장실엔 분홍색 그림이 그려져 있다. 미래 직업을 제안할 때도 여자아이에겐 선생님이나 간호사를, 남자아이에겐 우주비행사나 경찰을 이야기하곤 한다. 이런 편견을 지우면 직업에 대한 인식도 바뀌고 꿈도 확장되지 않을까?

남녀의 불평등에 대해 이야기하는 자리에서는 매번 강한 충돌이 일어난다. 서로에 대한 피해의식으로 지나친 공격성을 보이기도 한다. 아직은 해결해야 할 난제가 많아서 그럴 것이다.

세상은 빠르게 변하고 있다. 내가 자랄 때와 내 아이들이 성장할 때가 다르고, 지금 젊은 엄마들이 아이를 키우는 세상도 많이 달라졌다. 남녀 성 역할, 육아에 대한 아빠들의 관심, 인권에 대한 개념은 이전 세대보다 훨씬 높은 수준으로 발전하는 게 보인다.

우리 아이들이 성인이 되었을 땐 더 많이 달라져 있을 것이다. 지금보다 더 서로를 배려하고 존중하고 감사할 줄 아는 환경에서 우리 아이들이 행복한 삶을 누릴 수 있기를 기대해 본다.

남자아이에게
알려 줘야 할 것들

남매를 키우다 보니 성장의 순간순간마다 느끼는 게 참 많았다. 특히 사춘기 즈음 몸이 달라지기 시작할 무렵에는 '남자와 여자는 똑같다'는 교육과 함께 '남자와 여자는 다르다'를 잘 알려 주는 게 중요하다는 생각이 들었다. 상대의 성에 대한 정보를 가급적 정확하게 알려 주면서도 혹시라도 예민한 시기에 수치심을 느끼지 않도록 조심할 필요도 있었던 것 같다.

처음 딸아이가 생리통으로 끙끙 앓고 있을 때도 그랬다. 여동생이 왜 아픈지 궁금해하는 아들에게 어디까지 설명해야 하는지 엄마로서 난감했던 기억이 난다. 시간이 지나자 아들은 자연스럽게 생리가 무엇인지 알게 되었고, 딸도 그것이 부끄러운 일이 아니라는 것을 깨닫게 되었다. 가족 화장실 선반에 생리대를 두어도 자연스러워졌고, 생리 전후의 몸 상태나 심리에 대해서도 이미 알고 있으니, 아들에게 여동생을 배려하라고 말할 수도 있었다.

체격이나 체력도 마찬가지 경우다. 어릴 때는 힘이 엇비슷했지만 어느 순간부터는 남자아이의 힘이 압도적으로 세진다. 문제는 아들도 자기 힘이 얼마나 센지 모른다는 것이다. 예전에 했던 것처럼 장난으로 툭 쳤는데 맞은 여동생은 아프다고 난리를 치니 아들은 억울하다고 볼멘소리를 내었다. 진짜 아파서 그러는 것이라고 설명을 하다 지쳐서 아들에게 직접 자기 다리를 때려 보라고 한 적도 있다. "정말 아프단 말이야." 하면서.

한창 이성에 관심이 많을 사춘기 시절, 아이들은 남성과 여성에 대한 이미지를 대부분 미디어를 통해 배운다. 그리고 동성의 친구들과 수군거리며 이성 친구 이야기를 하며 보내는 시간도 많아진다.
'여자들은 이런 거 좋아한다더라.' '남자들은 다 그렇다더라.' 등의 소위 '카더라' 통신에 의해 상대를 단정 짓기도 한다.
그러나 실제는 다르다는 것을 꼭 알려 줄 필요가 있다. 드라마를 보면 남성이 여성의 머리를 쓰다듬어 주거나, 거칠게 손을 잡고 끌어다 키스를 한다. 어렵게 세팅한 머리를 만지는 건 질색할 일이고, 억지로 키스를 하는 것은 폭력이다. 드라마 속 여주인공은 갑작스러운 공개 프러포즈를 받으면 감동의 눈물을 흘리지만, 현실 속 대부분의 여자들은 동의를 구하지 않고 저지른 이벤트를 아주 난감하게 생각하지 않는가.

이성 간의 관계에서 전설 속 이야기처럼 내려오는 것들은 대부분 실생활에 적용하기 어려운 것들이다. 누군가가 뼈 때리는 말로 알려 주지 않으면 아들들은 모르고 오해하기 십상이다. 가끔씩은 진짜 필요한 이야기를 해 줄 필요도 있지 않을까?

사실 요즘 아이들의 경우엔 스마트폰 사용이 일상이 되면서 예전과는 비교도 할 수 없을 정도로 많은 양의 정보를 얻는다. 이성에 대한 지식도 많아졌고 소통 또한 활발하다. 텍스트뿐 아니라 이미지나 영상도 이 세대에겐 엄연한 메시지다. 생각이나 감정, 떠오르는 단상을 빠르게 편집하여 SNS에 올리고 정서적으로 공감한다. 물론 그에 따른 문제도 만만치 않다.

최근 중고등학교에서 벌어지는 왕따라든가 학교 폭력 사태는 과거의 것과는 양상이 다르다고 한다. 물리적인 폭력을 행사하거나 금품을 갈취하는 일도 있지만, 친구들이 모여 있는 단톡방에서 모욕적인 발언을 하거나, 수치심을 느낄 만한 사진이나 영상을 인터넷 커뮤니티에 올리는 방식이 늘어나고 있다. 이는 학교 폭력에 관련된 법이 엄격해지면서 명예 훼손이나 모욕죄 등의 형사 처벌 대상이 될 수도 있다. 인터넷상의 기록은 지우기도 어렵고, 내 의지와는 상관없이 빠르게 유포되니, 무지로 일어난 실수로 인해 훗날 큰 피해를 볼 수도 있음을 꼭 기억하자.

내 아이가 피해자가 되지 않도록 보호해야 하겠지만 반대의 입장도 생각해야 한다. 이 일이 얼마나 심각한지 모르고 장난으로 생각했다가 얼떨결에 가해자가 되는 경우다.

아이가 스마트폰을 다루기 시작할 때부터 내 몸이나 남의 몸을 찍는 행위가 얼마나 위험한지 알려 줄 필요가 있다. 성적인 대화가 오가는 단톡방에 들어가 있는 것만으로도 문제가 될 수 있다는 것도 반드시 유념해야 한다.

엄마들도 스마트폰으로 귀여운 우리 아이의 모습을 연신 찍었을 것이고, 대부분 동의를 구하지 않고 SNS에 공유했을 것이다. 그러한 상황에 익숙한 아이들 또한 크게 경각심을 느끼지 않고 가족들의 모습을 찍어서 올릴 수도 있다. 이제부터라도 사진을 찍거나 인터넷에 올리기 전에 아이의 동의를 구해 보면 어떨까?

내 몸의 주인은 나라는 것, 다른 사람들이 내 몸과 관련한 결정을 대신할 수 없다는 것, 나 또한 상대의 신체에 대해서는 그의 의견을 존중해야 한다는 것이야말로 우리 아이들이 꼭 알아야 하는 성교육의 기본이 아닐까?

내 몸은 소중하다. 남의 몸도 소중하다. 신체적 접촉은 반드시 동의

가 필요하다. 이 세 가지만 어릴 적부터 가르쳐도 우리 아이들은 함부로 행동하지 않을 것이다.

　나의 아들과 딸은 아주 진보적이고 전문적인 성교육을 받지는 못했지만 엄마 아빠로부터 내 몸과 이성을 대하는 방식에 대한 잔소리를 수도 없이 들었다.

　"만일 성적 피해를 당했다면 엄마에게 가장 먼저 말해라." "이성 관계에서 문제가 생겼다면 엄마에게 도움을 청해라." "혹여 성적 피해를 입었다고 해도 그건 네 책임이 아니다. 수치심보다 생명이 더 중요하다." 하도 이런 말을 자주 하니 아들은 "엄마, 알아요. 어릴 적부터 들은 이야기예요." 한다.

아들의 방을
노크하는 엄마

'잠자리 독립' 엄마들이 꿈꾸는 단어다. 아이들이 엄마 품을 벗어나 각자의 방에서 자는 것, 엄마들도 수면 부족에서 벗어나 푹 자 보는 게 소원이니까. 그러나 너무 걱정할 필요는 없다. 아이들은 엄마의 노력 없이도 자연스럽게 각자의 방으로 가 버린다.

아들의 방은 오로지 그만의 공간이다. 가족이라도 들키고 싶지 않은 사생활이 있을 것이고, 그것을 지켜 주는 것은 인간에 대한 존중이자 예의라고 생각한다. 어려서부터 존중을 받은 아이는 어른이 되어서도 무례한 행동이 무엇인지 구별할 것이다. 자기 자신을 지킬 수 있을 뿐 아니라 다른 이에게도 매너 있게 대하지 않을까?

이제부터라도 아들에게 용건이 있을 땐 똑똑 문을 두드려 보자. 아이들이 무언가에 골똘히 집중해 있으면 노크 소리를 못 들을 수도 있지만 대부분은 듣는다.

"들어가도 되니?"
"엄마가 잠깐 할 말이 있는데……."
"뭣 좀 가지러 왔어."

문밖에서 간단히 용건을 이야기하면 엄마의 의향도 금방 알아들을 것이다.

가끔 노크를 잊어버리고 문을 불쑥 열면 아이가 화들짝 놀라며 보고 있던 책을 덮거나, 컴퓨터를 끌 수도 있다. 아니면 이불을 덮으며 자는 척을 할 수도 있다. 그러면서 아이는 소리를 지르겠지.

"아, 왜요!"

뭐 했냐고 묻기도 뭐하고 다그칠 수도 없고 그냥 무안해서 "아니야, 미안해."라고 할 수밖에…….

가끔은 친구랑 통화를 할 때 엄마가 들어오면 아이들은 눈빛으로 빨리 나가라며 사인을 보낸다. 한 손에 휴대폰을 들고 다른 한 손으로 다급한 손짓을 하는 것이다.

아들 방에 급한 용건이 있을 때면 소리는 안 내고 입 모양으로 용건을 말하기도 한다. '너 그 물건 어디에 뒀어?'라고 말이다. 그럼 아이도 손짓 눈짓으로 이건 어디에 있고 저건 어디에 있다고 알려 준다.

그런데 별것 아닐 수도 있는 아들의 이런 태도가 가끔 엄마들의 기분을 상하게 만들기도 한다. 엄마도 일부러 사생활을 침해하려고 문을 연건 아니다. 그런데 그렇게 정색을 하며 내보내다니, 내 아이가 버릇없거나 나를 무시했다는 생각이 들면 순간적으로 화가 뻗칠 수 있다.

하지만 일이 해결됐으면 굳이 화를 안 내고 넘어가는 게 낫다. 정 얘기를 해야겠으면 시간이 지나서 슬쩍 물어보자.

"조금 전에 많이 급한 일이었니? 엄마가 네 일에 사사건건 참견하는 편은 아닌데, 엄마도 급해서 그랬던 거야." 정도로 말이다. 아들이 듣고 "엄마, 죄송해요."라고 할 수도 있고, 자기도 정말 중요한 일이었다고 말할 수도 있을 것이다. 그럼 된 것 아닌가. 일상을 살아가야 할 때 불필요한 잔감정에 휩쓸리다 보면 중요한 것을 놓치곤 한다. 지나친 화나 피로감에 흔들리지 않는 게 중요하다.

아들을 키우는 엄마들이 하는 말 중 상반되는 말이 있다.
"우리 아들은 너무 안 씻어요."
"우리 아들은 너무 오래 씻어요."
안 씻어도 문제, 너무 씻어도 문제. 엄마들의 고민은 참으로 많은 것 같다. 그러나 깔끔하고 멋진 아들로 키우고 싶다면 아들의 위생에 신경을 써야 한다. 아침마다 창문을 열어 환기시켜야 하고 이불, 베개 등 침

구류도 자주 세탁해 주어야 한다. 아침저녁으로 샤워하고 속옷도 자주 갈아입으라고 해야 하고, 겉옷도 자주 세탁해 줘야 한다.

나는 어릴 적부터 아들에게 교육했다. 밖에서 입던 옷은 옷걸이에 걸어 베란다에서 거풍을 시키라고. 그래야 먼지와 잡냄새가 날아간다고.

덕분에 '총각 냄새'라고 불리는 불쾌한 냄새가 우리 집엔 거의 없었다. 지금은 거풍 대신 의류 관리기가 그 역할을 대신하고 있다.

아들 양육엔
아빠가 필요해

한 아이를 키우는 데 엄마와 아빠 두 양육자의 역할이 골고루 필요하다는 것은 이미 잘 알려진 사실이다. 모든 가정과 모든 아이들에게 좋은 아빠의 역할은 중요하지만 아들의 경우에는 특히 더 그렇다. 실제로도 주변을 보면 아들 키우는 아빠와 딸만 둔 아빠는 세상을 살아가는 철학이나 마음가짐이 조금은 다른 것 같다. 세상이 많이 변했고 남녀의 역할에 구분이 없어졌지만 아무래도 아직까지는 아들 아빠이기에 느끼는 부담감이 존재한다.

좋은 교육을 받아 사회에서 자기 역할을 당당히 하도록 아이를 키워내고 싶은 건 모든 부모가 같은 마음일 것이다. 그러나 딸의 경우엔 아이 한 명의 인생만 걱정한다면 아들 부모는 아이가 앞으로 챙겨야 할

처자식의 인생까지 미리 고민하곤 한다. 사람이란 자신이 경험한 만큼 보기 마련이다. 가장의 무게를 느껴 본 이 시대 아빠들은 어쩔 수 없이 아들에게 가르쳐 줄 것이 많다는 생각을 갖는 것이다.

우리 남편도 그런 마음으로 아들을 키웠을 것이다. 이제는 걱정보다는 든든한 마음으로 다 자란 아들을 바라보고 있지만 말이다. 아들도 아빠를 의지하고 믿으며 인생의 중요한 결정 앞에서 상의할 수 있는 인생 선배로 생각하고 있다. 남들이 부러워하는 이러한 부자 관계는 단번에 이루어진 것이 아니다. 아들이 한창 예민했던 시기에 아빠와 아들은 수없이 많은 대화를 나누었고, 내가 알지 못하는 둘만의 비밀도 차곡차곡 쌓아 올렸다. 나에게 가장 기억에 남는 남편과 아들의 장면을 꼽으라면 아주 먼 과거로 거슬러 올라간다. 바로 아기를 업고 있는 남편의 모습이다.

1990년, 내가 서른 살에 아들을 낳았으니 그 당시로서는 첫 출산이 늦은 편이었다. 체력적으로 힘들어하는 아내를 배려해서인지, 뒤늦게 얻은 귀한 아들이 예뻐서인지, 남편은 아들을 참 많이 업어 주었다. 우는 아기를 업어서 달래고 졸린 아기를 업어서 재웠다. 아들을 업고 집 안 곳곳을 돌아다니며 말을 가르치고 노래를 불러 주었다. 시간이 많이 지났는데도 아기를 업고 있는 남편의 모습만큼은 아직도 눈에 선하다.

늦은 나이에 임신한 나는 일반 산모에 비해 많은 검사를 받았다. 주변에서도 출산 시 위험한 일이 생기면 어쩌나 걱정하는 분위기였다. 요즘은 결혼 연령이 많이 늦어져서 30대 중반에 출산하는 것도 노산 축에 끼지 못하지만 말이다.

신체적인 조건은 젊은 엄마에 비해 불리할 수 있지만 아기를 늦게 낳는다는 것이 꼭 나쁘지만은 않다고 생각한다. 그만큼 부모가 사랑을 줄 준비가 되어 있다는 얘기이기도 하니까. 자기 앞가림에 급급했던 시기를 지나 보내고, 생활도 어느 정도 안정되어 아이를 키울 자세가 준비되었을 때 많은 사랑을 나눠 주는 것도 좋지 않겠는가.

부모가 아이에게 사랑을 주는 방법은 다양하다. 그러나 영유아기에는 스킨십만큼 중요한 게 없다고 생각한다. 많이 안아 주고 업어 주고 어루만져 주는 것이다. 이것은 단순한 터치를 떠나 정신적 유대와도 연결된다. 아빠가 이 시기에 아들을 많이 안아 주고 손을 잡아 주었다면 다 자란 후에도 부자 관계는 좋을 것이다. 만일 아들이 어렸을 때 아빠가 너무 바빠서 함께 있는 시간이 적고 스킨십이 부족했다면 아무래도 친밀감이 떨어져 사춘기에 부자지간의 대화가 어려울 수도 있다.

사춘기를 겪으면서 아이와 부모의 관계는 한 번쯤 위기를 맞는다. 아들은 동성인 아빠에게 경쟁의식을 갖는데 스스로를 아빠와 똑같은 어른이라고 생각한다. 사실 기껏해야 초등 고학년이나 중학생인 아들을 어른으로 보기는 어렵다. 아빠와 맞먹으려는 아들의 태도가 그저 기가 막힐 노릇이다. 아들의 행동이 버릇없고 예의 없어 보이더라도 그동안 가족 간의 관계가 원만했고 신뢰를 쌓아 온 부모는 '녀석이 좀 컸구나.' 정도로 생각할 수 있다. 그러다 보면 아이를 하나의 인격체로 대접할 여유가 생기는 것이다. 어른 대 어른으로 아이를 대해 준다면 사이가 나빠질 이유는 없을 것이다.

사춘기는 한 아이가 어린이에서 어른으로 성장해 나가는 변곡점이다. 이 시기에 얻은 다양한 자극과 고민들은 성장한 이후에도 많은 영향을 준다. 남자아이의 경우엔 좋은 사회적 롤 모델을 만나는 게 참 중요하다. 이때 아빠가 그 역할을 해 준다면 더할 나위 없이 좋을 것이다. 자신이 되고 싶은 성인 남자의 모습을 아빠를 통해 배우기 때문이다. 물론 아빠의 직업이나 일에 관심이 많다면 진로 선택에도 큰 도움을 받을 수 있다. 아빠의 사회 경험을 간접적으로 접할 수도 있고, 더 나아가 가업 승계를 원할 때에는 아빠가 든든한 선배 역할까지 할 수 있다. 아빠와 아들은 사랑을 매개체로 한 인생의 동료 관계다. 가장 가까운 곳에 있는 아빠를 통해 남자 대 남자가 느끼는 진정성 있는 감정을 많이 경험할 수 있게 해 주자. 아이의 정서와 시야가 남다르게 넓어질 것이다.

아빠와 아들, 친해지려면?

친구 관계든 부모 관계든 인간관계는 다 똑같다. 서로 친밀감을 느끼고 신뢰하려면 그만큼 시간 투자가 필요하다. 아빠와 아들이 친해지려면 영유아기 때부터 아빠와 차곡차곡 함께 쌓은 추억이 있어야 한다. 아무런 친밀 관계가 형성되지 않은 상태에서 사춘기 아들이 걱정된다며 불쑥 방문을 열고 들어가 대화를 청하는 아빠들이 있다. 당연히 아이는 거부하게 마련이다. 어린 시절부터 함께한 추억이 없다면 아이에게 아빠는 그냥 엄마랑 같이 사는 남자, 가끔 얼굴 보는 남자, 우리 집에 필요한 돈을 버는 남자로 느껴질 수도 있다. 어른이 되어서도 알콩달콩 서로 재미있게 이야기를 주고받는 부자지간이 부럽다면 엄마도 함께 노력해 보자.

1. 엄마가 먼저 남편을 사랑해야 한다

아들과 함께 있는 자리에서 남편을 챙기고 사랑하는 모습을 많이 보여 주자. 남편에게 불만이 있거나 사이가 안 좋다면 알게 모르게 티가 나게 마련이다. 내가 모르는 사이 아들 앞에서 남편 흉을 봤을 수도 있다. 아들도 처음엔 '엄마가 많이 힘든가 보다.' 하고 엄마를 이해하다가 시간이 지나면서 자신도 모르게 아빠에 대한 미움을 키울 수도 있다. 한 번 아빠에 대한 부정적인 이미지가 심어지고 나면 별안간 다가서는 아빠가 부담스러울 것이다.

2. 한 달에 한 번 아빠와 데이트를 하게 하라

아들과 아빠가 끈끈해지려면 엄마는 살짝 빠져 주어야 한다. 자주 하면 좋겠지만 그럴 여건이 되지 않는다면 최소 한 달에 한 번 정도는 아빠와 아들만의 시간을 만들도록 하자. 둘이 놀이공원을 다녀와도 좋고 산책을 다녀와도 좋겠다. 영화를 보고 오는 것도 좋다. 친밀도가 떨어지는 부자지간은 막상 단둘이 시간을 보내려면 어색할 수 있다. 이럴 때는 쇼핑을 추천한다. 평소 아이가 갖고 싶어 했지만 엄마가 쉽게 허락하지 않았던 장난감이나 게임기를 사 오는 미션을 주자. 엄마 몰래 일을 꾸미는 같은 편 동지라는 느낌을 가질 수 있다.

3. 아빠와의 추억에는 야외 활동이 수반되어야 한다

아이가 어느 정도 크면 아빠와 장거리 여행도 다녀올 수 있다. 굳이 숙박을 하지 않더라도 꽤 먼 곳까지 떠나는 것이다. 이때도 엄마는 살짝 피해 주자. 만약 아빠의 취미가 낚시라면 아들에게 낚시하는 방법을 가르쳐 주자. "넌 가만히 보고 있어. 아빠가 잡아서 매운탕 끓여 줄게."라며 혼자 열심히 고기를 낚는다면 아들은 흥미가 떨어질 것이다. 서툴지만 아들도 할 수 있게 하나하나 알려 주고 함께해 보자. 남자들끼리 야외 활동을 즐기다 보면 경쟁이 붙고 때로는 경쟁이 과열되어서 다투기도 한다. 지지고 볶고 울고불고해도 괜찮다. 친해지는 지름길이다.

4. 아빠와 의논했을 때 효과가 있다고 믿게 하라

아이가 자라서 어른이 되기까지 수많은 판단과 선택의 상황 앞에 놓인다. 아들은 인생의 결정적인 순간에 아빠를 떠올릴 수 있어야 한다. "아빠, 이건 어떻게 하면 좋을까?" 하고 물어볼 수 있어야 하고, '우리 아빠라면 어떻게 하셨을까?' 하고 고민할 줄도 알아야 한다. 이것은 무조건 자기 결정을 미루는 마마보이나 파파보이와는 다르다. 신뢰할 만한 사람의 의견을 듣는 성숙한 행동이다. 물론 아빠의 조언대로 행했을 때 이득이 있어야 가능한 일이다. '아빠 말대로 했더니 결국 다 잘된 것 같아.'라고 생각할 수 있게 인생 선배로서 지식과 경험을 나눠 주자.

아빠와 아들이 어른이 된 후에도 친구처럼 지내는 모습은 참 보기 좋다. 그런데 한 가지 주의해야 할 점은 아빠와 아들은 완전히 대등한 관계가 아니라는 것이다. 어른과 아이 사이의 어느 정도의 선은 필요하다. 자식은 부모를 존경하고, 부모는 자식을 배려하는 마음이 기본적으로 깔려 있다면 좋겠다. 아들을 함께 키워 내며 아빠도 진짜 어른으로 성장할 것이다.

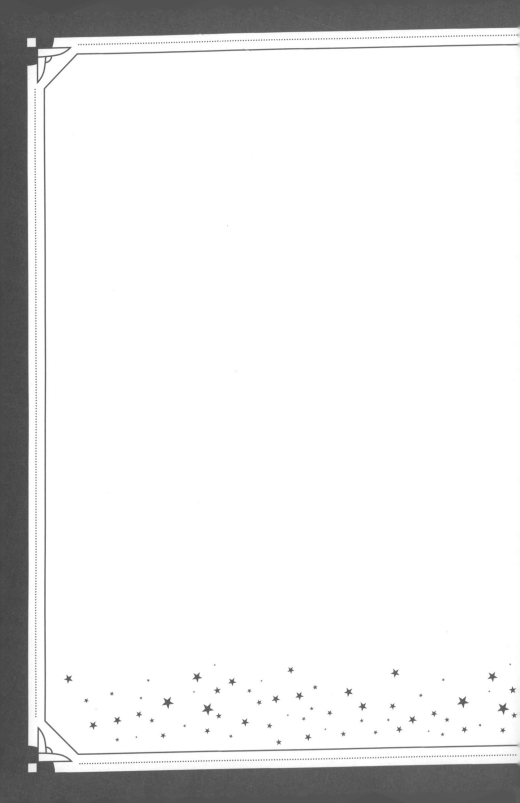

2부

21세기 아들이
꼭 알아야 할 것

5장

요즘 아이, 요즘 디지털

스마트폰,
꼭 사 줘야 하나요?

요즘 엄마들의 가장 큰 고민은 아무래도 디지털 기기와 관련된 내용일 것이다. 아직 말을 못하는 아기들도 스마트폰이나 태블릿 피시를 터치하는 모습이 자연스럽고 익숙하다. 확실히 지금의 아이들은 우리와 전혀 다른 시대를 살고 있다는 것을 실감할 때가 많다. 그러나 많은 학자들이 과도한 스마트폰 사용은 아이들의 두뇌 발달에 악영향을 미칠수 있다고 이야기했고, 부모들도 내심 유해한 콘텐츠나 중독 현상을 우려하곤 한다. 많은 엄마들이 가급적 유아기에는 디지털 기기에 최대한 노출시키지 않겠다며 마음을 다잡는다.

그러나 현실적으로는 어려운 게 사실이다. 식당에 가면 가족들이 식사를 하는 동안 보채는 아이에게 어쩔 수 없이 스마트폰을 꺼내 보여 주면서 옆 테이블 손님들이 어떻게 생각할까 눈치도 보이고 괜한 죄책감도 느껴진다. 과연 이게 최선일까, 정말 아이에게 디지털 기기를 안 보여 줄 수는 없을까 매일 고민에 고민을 거듭하는 것이다.

그런데 이 많은 고민들이 모두 수면 아래로 가라앉게 된 사건이 있었다. 바로 코로나19 사태다. 사회적 거리두기로 인해 초등학교도 갑작스럽게 온라인 수업을 진행하면서 아이들이 디지털 기기를 사용해야만 하는 날들이 이어졌다. 이전까지 엄격하게 디지털 기기 사용을 제한했던 부모들은 당황할 수밖에 없었다.

아이 스스로 기계를 켤 줄도 알아야 하고, 필요한 앱도 설치해야 한다. 수업을 듣고 따라가려면 기기를 능숙하게 다루는 것은 꼭 필요하기 때문이다. 그동안 부모로부터 과도하게 디지털 기기 사용을 금지당했던 아이들은 전원 버튼을 어떻게 눌러야 하는지도 몰라 학교생활이 어려웠을 것이다.

아직 준비가 되지 않은 아이들에게 봇물 터지듯 디지털 문명의 홍수가 찾아왔다. 유익한 측면도 있지만 그렇지 않은 부분도 분명히 있다. 온라인의 세계는 아주 촘촘하게 연결되어 있고, 상업적인 알고리즘으로 돌아간다.

아이들이 온라인 수업을 듣고 공부에 필요한 자료를 찾기 위해 인터넷을 시작했다가 자연스럽게 유튜브를 보고 그동안 몰랐던 게임의 세계에 빠지는 경우도 많다고 한다. 이제부터는 부모의 통제가 불가능한 상황이다. 물론 코로나19라는 특수한 상황 탓도 있지만 시대가 바뀌었다는 것을 인정할 필요가 있다. 무조건 반대하기보다는 새 시대에 맞는 새로운 지혜를 갖출 필요가 있겠다.

이제 집집마다 텔레비전과 냉장고가 기본적으로 있는 것처럼 한 사람당 하나 이상의 스마트 기기를 소지하는 세상이 되었다. 있어도 되고 없어도 되는 게 아니라 꼭 필요한 물건이 된 것이다. 이에 따라 우리 아이가 언제부터 스마트 기기를 소유해야 할까, 몇 살 때 스마트폰을 사주면 좋을까 고민하는 부모들이 분명 있을 것이다.

나는 미리 고민할 필요는 없다고 생각한다. 학교에 다녀온 아이가 "친구들이 모두 다 갖고 있어요. 나도 갖고 싶어요."라고 말하기 전까지 부모가 먼저 말을 꺼낼 필요는 없다는 얘기다. 특히 초등 저학년은 아직 유혹에 약하고 자기 통제 능력이 부족한 시기다. 그리고 그 시기의 공부는 대부분 아날로그 방식을 중심으로 진행된다. 연필로 꾹꾹 눌러 글씨를 쓰고, 가위를 조작하며 손의 힘을 키우며, 책장을 넘기며 종이의 질감을 익혀 나가야 할 때다. 이때 섣불리 스마트폰을 갖게 되면 그 시기에 집중해야 할 중요한 과제를 놓칠 위험도 있다. 그러니 상황을 보고 구입을 늦추는 것이 현명하다고 생각한다.

스마트폰 구입에도 적절한 타이밍이 있다. 아이에게 스마트폰을 꼭 사 줘야 한다면 방학 일주일 전쯤에 구입하길 추천한다. 이때는 선생님들이 성적 관리를 하느라 바쁜 시기로, 수업 내용이 많지 않고 학원에서도 쉬는 시간이 많다. 그때 사 준다면 약 2주 정도는 마음 놓고 새 기기를 가지고 놀 수 있을 것이다. 새 스마트폰을 사면 해야 할 일이 꽤 많지 않은가. 이것저것 만져 보며 기능도 익히고 앱들도 깔았다 지우기를 반복해야 한다.

문제는 많은 아이들이 시험을 앞두고 엄마에게 거래를 제안한다는 것이다.

"엄마, 이번에 스마트폰만 사 주면 내가 진짜 공부 열심히 해서 시험 잘 볼게."

"진짜지? 너 약속했다?"

엄마들이여, 절대 이 협상에 말려들지 말자. 아이라고 해서 시험을 망치고 싶겠는가? 누구보다도 더 약속을 잘 지키고 싶고 좋은 성적을 내고 싶을 것이다. 그러나 일단 스마트폰이라는 물건이 내 책상 위에 있으면 눈앞에 아른거려 집중이 되지 않는다. 결국 시험을 망치고 엄마는 아이에게 실망하고 약속을 지키지 않았다며 화를 내게 된다. 그러니 스마트폰을 사 준다면 시험이 끝나고, 방학을 앞둔 시점이 좋다.

스마트폰을 사기 전에 계약서를 쓰는 것도 추천한다. 계약서의 내용은 다음과 같다.

1. 스마트폰은 잠자기 전 거실에서 충전한다.

2. 공부할 때는 스마트폰을 방문 앞 바구니에 넣는다.

3. 비밀번호나 패턴은 엄마와 공유한다.

4. 한 달에 한 번씩 엄마가 스마트폰을 확인하고 불필요한 자료는 삭제한다.

물론 현실적으로 백 퍼센트 지키기는 어렵다. 그러나 서로 사인을 하여 보관하는 것만으로도 어느 정도 심리적인 효력이 발생한다.

첫 번째, 스마트폰은 잠자기 전 거실에서 충전한다.

이는 아이에게만 해당하는 조항이 아니다. 어른도 마찬가지다. 밤에 잠들기 전에 스마트폰을 하는 습관은 아이에게도 어른에게도 좋지 않다. 휴대폰 화면에서 발생하는 블루라이트가 수면에 악영향을 끼치고 시력도 저하시킨다는 것은 이미 잘 알려진 사실이다. 거실 멀티탭에 충전기를 연결하고 모든 가족이 잠자러 들어가기 전에 두고 가 보자. 다음 날 푹 자고 일어나 개운한 아침을 맞이하면 뿌듯함이 찾아올 것이다.

두 번째, 공부할 때는 스마트폰을 방문 앞 바구니에 넣는다.

먼저 스마트폰을 담을 예쁜 바구니를 방문 앞에 놓아두자. 그리고 "엄마, 나 공부할 거야." 하면 바구니에 스마트폰을 넣는 것이다.

만약 아이가 이 약속을 잘 지켰다면 공부가 끝난 후에 편하게 스마트폰을 할 수 있게 해 주자. 엄마에게 혼날까 봐 몰래 스마트폰을 하는 아이들은 이불을 뒤집어쓰고 게임을 한다. 눈에도 좋지 않고 잠도 제대로 못 잘 것이다. 좋아하는 스마트폰을 하면서 죄책감을 느끼면 되겠는가. 아이가 그날 필요한 공부를 잘 끝냈다면 눈치 보지 않고 놀 수 있게 해주자.

세 번째와 네 번째, 비밀번호나 패턴은 엄마와 공유하고, 한 달에 한 번 스마트폰을 확인하여 불필요한 자료는 삭제한다.

비밀번호나 패턴 같은 잠금장치는 적어도 가족 중 한 명과 공유해야 위기 상황에서 조치를 취할 수 있다. 또한 유해 콘텐츠의 노출도 미리 방지해야 한다. 그렇다고 해서 아이의 스마트폰을 아무 때나 열어 보는 건 절대 금물이다. 스마트폰을 확인하더라도 아이가 보는 앞에서 같이 봐야 하고, 불필요한 자료를 삭제할 때도 함께 의논하는 과정을 거치자. 한 달에 한 번 정도 실행하는 엄마의 클린 서비스처럼 말이다.

가끔 아이를 야단치다가 너무 화가 난 나머지 아이 앞에서 스마트폰을 던지거나 부수는 부모도 있다고 들었다. 이럴 때 아이가 받는 상처와 충격은 어른들이 생각하는 것보다 훨씬 클 것이다. 아이에게 스마트폰은 무척 소중한 것이기 때문이다. 이런 사건들 때문에 아이가 엄마 아빠를 미워하게 될까 봐 우려스럽다. 말을 안 듣는다고 해서 벌주는 수단으로 스마트폰을 이용하지는 않았으면 좋겠다.

일단 아이에게 스마트폰을 주었으면 디지털이라는 새로운 문화를 선물하는 것이다. 아이와 또래 친구들과의 소통을 존중하고 그들의 문화도 함께 인정해 준다고 생각하자.

스마트한 사용법 알려 주기

그토록 갈망하던 스마트폰을 갖게 된 우리 아들. 신이 나서 눈에 보이는 모든 것을 사진 찍고, 올리고, 보내기에 바쁘다. 그러나 단순히 재미를 위해 한 일이 남에게 피해를 줄 수도 있고, 자칫 한 번의 실수로 큰 위험에 빠질 수도 있다.

아이들은 프로그램 사용법과 앱 활용법은 금세 습득하여 누구보다 잘 알지만 스마트폰 사용의 에티켓과 위험성에 대해서는 아직 잘 모를 수밖에 없다.

스마트한 세상에서 스마트 기기를 내 몸처럼 여기고 사용할 우리 아들에게 반드시 일러 줘야 할 주의점은 무엇일까?

아들이 알아야 할 주의 사항

1	**SNS에 '공개'로 올리면 모든 사람이 볼 수 있다** - 지금은 영원할 것 같은 감정도 시간이 지나면 지우고 싶은 흑역사가 된다. 훗날 삭제한다고 해도 캡처 기능 때문에 누군가의 기억에는 영원히 남는다. 지극히 개인적인 내용을 전체 공개로 올릴 경우, 세상 모든 사람이 알게 된다는 것을 기억하자.
2	**'공유'가 가능한 정보는 누구나 가져갈 수 있다** - 인터넷에 접속한 순간 내가 만나는 모든 것이 데이터가 된다. 잘 찾아서 활용한다면 내가 바로 정보의 주인이 된다. 그러므로 서칭도 실력이라는 것을 알아 두자. 반대로 나의 정보를 알리고 싶지 않다면 업로드할 때 심사숙고해야 할 것이다.
3	**개인 정보 유출에 주의하자** - 직간접적으로 개인을 식별할 수 있는 정보를 개인 정보라고 한다. 유출 시 사생활 침해나 범죄와 같은 심각한 문제에 처하게 될 수 있다. 학교, 학년, 반, 집 주소, 주민등록번호, 전화번호와 같은 정보는 절대 타인에게 알려 주지 않도록 주의해야 한다.
4	**초상권에 대해 알려 주자** - 사진을 찍고 공유하는 것이 너무 쉬워진 시대, 그만큼 너무 쉽게 '얼굴이 팔리는' 상황에 처할 수 있다. 친구나 가족 등 다른 사람의 허락 없이 사진을 찍어서 인터넷에 올리면 안 된다는 것을 알려 주자. 아울러 장난으로라도 영상을 통해 나의 몸이나 타인의 몸을 다른 사람에게 보여 주는 것은 아주 위험한 일이라는 것도 알아야 한다.
5	**저작권에 대해 알려 주자** - 직접 창작한 글, 사진, 음악 등은 누군가의 인격이고 재산이다. 시대가 바뀌면서 점차 지적 재산권을 인식하고 존중하는 사회적 분위기가 만들어졌다. 타인의 작품을 함부로 퍼 오거나 내 것인 양 사용하는 것은 엄연한 불법이며 민형사상의 처벌을 받을 수 있다는 것을 알려 줘야 한다. 또한 타인과 나의 창작물을 소중하게 생각하는 마음도 배워야 할 것이다.

엄마가 지켜야 할
디지털 기기 사용법

스마트폰을 스마트하게 사용해야 하는 건 아이뿐 아니라 어른도 마찬가지이다. 잘 알고 있는 것 같으면서도 깜빡깜빡하는 디지털 기기 사용 에티켓들이 있다. 사용하기 편한 만큼 실수하기도 쉽다. 이번 기회에 주의 사항을 숙지하고, 우리 아들을 디지털 시대의 명품 인간으로 키워 보면 어떨까?

엄마가 알아야 할 주의 사항	
1	**아들이 아무리 귀여워도 신체를 노출하지 말자** - 사랑스러운 아이의 모습을 모두에게 자랑하고 싶은 것이 엄마의 마음. 목욕을 하거나 배변을 하는 모습도 엄마 눈엔 당연히 귀여워 보인다.

그러나 엉덩이나 성기가 드러난 사진을 올리는 것은 절대 금물이다. 아무리 어려도 아이는 하나의 인격체다. 어느 정도 자란 후에 이런 사실을 알게 되었을 때 명예를 훼손당했다는 생각이 들 수도 있다.

2	**아들의 장난과 실수를 함부로 공개하지 말자** - 아들이 집을 난장판으로 만들거나 심하게 장난을 치는 모습, 어이없는 실수 등을 그대로 동영상으로 찍어서 SNS에 올리는 경우가 많다. 엄마 눈에는 그저 귀엽지만 다 자란 아이가 보면 창피하게 생각하지 않을까? 아이에게도 엄연히 자기 결정권이 있다. 대화가 통하는 나이가 되면 아이의 사진이나 동영상을 올리기 전에 허락을 받으면 좋겠다.
3	**즐거운 SNS, 자칫 우리 아들에게 피해를 줄 수 있다는 것을 기억하자** - 육아에 지친 엄마들에게 SNS는 또 다른 위로이며 새로운 유희다. 많은 것을 공유하고 더 많이 소통하고 싶다. 그러나 사생활을 노출하는 데에는 어느 정도의 희생을 감수해야 한다는 것을 기억하자. 드러내야 할 것은 당당하게 드러내되 숨겨야 할 것은 숨길 줄도 알아야 한다. 엄마의 잘못된 판단이 훗날 아이에게 피해를 줄 수 있다.
4	**디지털 기기를 무조건 불필요하다고 여기지 말자** - 아이가 자라면 원하는 디지털 기기도 많아진다. 만약 아이가 아이폰을 갖고 있다면 아이패드를 갖고 싶어 하고 애플워치도 필요하다고 할 것이다. 엄마 생각엔 자칫 불필요해 보이고 사치스러워 보일지도 모른다. 그러나 또 다른 형태의 문화로 이해하자. 외국에서는 이미 일반화되어 있고 우리나라도 점차 디지털 기기를 다양하게 활용하는 형태로 바뀌어 나가고 있다.
5	**멋진 노트북 백팩이 아들을 빛나게 한다** - 지금의 아이들은 디지털 문화를 공기처럼 느끼며 살아왔고, 앞으로 이들이 살아갈 세상은 우리가 경험한 것과는 완전히 다른 모습이 펼쳐질 것이다. 그에 맞는 사고방식과 옷차림도 중요하다. 아들이 노트북을 자유롭게 쓸 시기가 오면 근사한 노트북 백팩을 하나 선물해 주면 어떨까? 이왕 필요한 것, 더욱 즐겁게 들고 다닐 수 있도록 말이다.

SNS, 포장 속에 가려진
진실을 보자

최근 미국과 캐나다 등 서구에서 유행하는 스마트폰 앱 중에 '비리얼 (BeReal)'이라는 게 있다. 사진을 찍어야 할 시간을 알람으로 알려 주는 앱인데, 알람이 울리면 무조건 2분 안에 사진을 찍어서 올려야 한다. 부지불식간에 알람이 울리고 제한 시간이 2분밖에 주어지지 않다 보니 보정은 고사하고 사진 각도나 연출을 고민할 틈도 없다. 그래서 앱에 올라간 사진들은 정말 있는 그대로의 모습을 보여 주는 것들이다.

최근 앱스토어에는 비리얼 말고도 비슷한 종류의 '안티 소셜 미디어' 앱이 꽤 많이 보인다. 최대한 근사하게 꾸며진 일상을 보며 상대적 박탈감을 느끼곤 했던 기존 SNS에 대한 피로도가 이러한 대안 문화를 만들어 낸 게 아닐까 싶다.

강의할 때마다 엄마들에게 종종 해 주는 조언이 있다.

"아침에 일어나자마자 침대에서 맨얼굴을 셀카로 찍어 보세요. 그게 바로 진짜 나의 모습입니다."

엄마들은 와하하 웃음을 터뜨리며 공감하곤 한다. 그곳에 모인 수강생들 중에 셀카를 안 찍어 본 사람은 없을 것이다. 요즘은 기본적으로 휴대폰에 사진 보정 기능이 탑재되어 있어 실제 나보다 훨씬 더 뽀샤시하고 예쁜 모습으로 찍어 준다. 하지만 다들 거기서 만족하지 않고 각종 보정 앱을 이용하여 몇 번 더 얼굴색과 윤곽을 다듬고 나서야 비로소 SNS에 올리지 않는가. 아름답게 연출된 내 모습에 안도하면서도 한편으론 자괴감이 느껴진다. '이게 정말 나 맞을까?' 하는 마음 말이다.

온라인 속 세상, 특히 SNS의 가장 큰 폐해는 포장된 진실이 아닐까? 인스타그램 속 사람들은 늘 행복하고, 여유롭고, 자신감 넘치며 아름답다. 남에게 보여 주고 싶은 삶의 한 꼭지를 그럴싸하게 연출하다 보니 현실도 아니고 가상도 아닌 상태에 머무르게 되었다.

여러 번의 보정을 통해 가장 멋지게 연출된 나를 진짜 나라고 믿고 싶고, 현실 속 초라한 나는 감추고 싶게 마련이다. 이런 마음은 결국 자존감과도 연결된다. SNS 세상에 너무 익숙해진 현대인들이 있는 그대로의 내 모습을 미워하게 될까 봐 걱정이다.

많은 엄마들이 사진 보정 앱을 이용해서 아이들의 사진을 기록하기도 한다. 뽀샤시하게 손보는 데에서 그치지 않고 얼굴을 아예 강아지나 고양이처럼 만들기도 한다. 가끔씩 재미 삼아 찍는 것은 괜찮지만 너무 과도하게 모든 사진에 보정 앱을 사용하는 것은 반대한다. 특히 아이의 경우는 더욱 그렇다. 어린 시절의 모습은 너무 빨리 지나가 버리고 예전 모습이 그리워도 다시 돌아갈 수 없으니 말이다.

　사진 기술의 발달은 가장 빛나는 순간인 '지금'을 영원히 간직할 수 있게 해 주었다. 기록으로 남기기 부끄러운 맨얼굴이지만 시간이 지나고 보면 모든 것은 아름다운 추억이 된다. 꾸밈없는 지금 이 순간들을 한 장의 사진으로 남겨 보면 어떨까?

　화장기 없는 수수한 내 모습, 정리되지 않은 집에서 푹 쉬고 있는 아이들, 주름 가득한 부모님의 미소까지……. 있는 그대로를 똑바로 바라보고 사랑하는 것이 화려한 디지털 문명에서 살아남는 지혜일지도 모른다.

우리 아들
디지털 역량 키우기

검색도 능력이다

모든 사람들 손에 스마트폰이 하나씩 있게 되면서부터 검색은 우리의 일상이 되었다. '인포 헌팅'이라는 말이 있다. 동물이 먹이를 사냥하듯 무궁무진한 정보의 바다에서 나에게 딱 맞는 내용을 찾아내는 것도 능력인 셈이다. 그런데 비슷한 나이대의 사람들 중에서도 특별히 검색을 잘하는 사람이 있는가 하면, 꽤 오랜 시간을 들여서도 필요한 정보를 못 찾는 사람이 있다.

부부 사이에서도 남편이 주말에 놀러 갈 맛집이나 명소를 빠르게 척척 찾는 경우도 있고, 반대로 부인이 검색에 능하고 남편이 서툰 경우도 있다. 단순히 즐길 거리를 찾는 것이라면 검색 능력이 큰 문제가 되지 않겠지만, 학습과 일 그리고 진로나 투자까지 인생의 중요한 문제를 결정할 때에도 어떤 정보를 얼마만큼의 속도로 찾는지에 따라 결과가 달라지곤 한다. 이제 검색은 인류가 가져야 할 중요한 힘이 되었다. 그러니 어렸을 때부터 검색의 중요성을 알려 주고 능력을 키워 줄 필요가 있지 않을까?

아이가 컴퓨터를 사용하고 숙제를 위해 검색창을 찾기 시작할 때, 엄마가 조언을 해 주면 좋겠다. 포털 사이트에 탑재되어 있는 검색 기능을 알고 있는지, 어떤 포털을 이용해야 더 많은 정보를 얻을 수 있는지, 저작권에 구애받지 않고 자료를 사용할 수 있는 사이트가 있는지, 인터넷에 공개된 수많은 정보 중에서 신뢰할 만한 내용을 어떻게 찾을 수 있는지, 때론 영어로 검색하는 것이 더 정확하다는 것까지 말이다.

요즘에는 검색뿐 아니라 앱 사용도 중요하다. 앱스토어를 열어 보면 하루에도 수많은 앱들이 쏟아져 나온다. 이 중에서 엄마들 세대에게 필요한 앱은 사실 몇 개 되지 않는다. 자주 사용하는 몇 가지 기본적인 것들을 제외하고 나머지는 불필요하게 여겨진다.

그러나 아이들은 확실히 다르다. 스마트폰에 익숙해진 초등 고학년 아이들은 어른보다 훨씬 더 자연스럽고 탁월하게 앱 기능을 사용한다. 재미있고 새로워 보이는 것들은 사용해 보고, 기대에 못 미치면 과감히 버린다. 그때그때 자기에게 필요한 앱을 기가 막히게 찾아서 사용할 줄 아는 것이다. 조금만 찾아보면 이 세상엔 내 삶을 윤택하게 만들어 줄

편리한 것들이 참 많다. 그것들을 이용하여 유익하게 사용하는 것도 중요한 능력 아닐까?

게임은 아들의 문화다

아이들에게 디지털 기기가 익숙해지다 보니, 그렇지 않은 부모 세대와 종종 부딪치는 경우가 있다. 그중 대표적인 것이 게임이다. 대부분의 엄마들은 게임을 참 싫어한다. 아들이 공부는 안 하고 게임기만 붙잡고 있는 것도 싫고, 게임 화면 속의 영상과 소리는 정신없고 시끄럽게만 느껴진다.

하지만 엄마들이 게임을 싫어하는 가장 큰 이유는 바로 본인이 직접 즐겨 본 적이 없기 때문이다. 경험도 없고 지식도 없으니 가치를 인정하기 싫을 것이다.

이제 아이들에게 게임은 문화다. 아들을 이해하고 싶다면 그들의 문화를 존중할 줄도 알아야 한다. 생각해 보면 우리 아이들이 제멋대로인 것 같아도 내심 엄마의 문화를 이해해 주려 노력하고 있다. 엄마가 좋아하는 영화나 드라마도 종종 같이 봐 주고, 엄마가 좋아하는 장소에도 함께 가 주지 않는가. 조금 지루하고 촌스럽게 느껴지지만 나의 엄마가 좋아하는 것이니 존중하고 이해해 주는 것이다. 아이들이 이렇게 노력하는데 정작 엄마들은 새로운 것을 거부하는 것 같아 안타깝기도 하다.

게임은 남자아이들에게 스트레스를 푸는 도구인 동시에 또래와 어울릴 수 있는 놀이 문화다. 새로운 게임이 출시되길 목이 빠져라 기다리는 것도, 친구와 만나 최신 시설의 피시방을 찾아가는 것도 그들에겐 나름 중대한 일인 것이다.

아들에게 게임 좀 그만하라고 잔소리하기 전에 엄마도 같이 한번 해보면 어떨까? 가끔은 공부를 끝낸 아들에게 편안하게 게임할 수 있는 환경을 만들어 주는 것도 좋겠다. 엄마가 먼저 아들을 존중한다면 아들 또한 엄마의 노력을 무시하지는 않을 것이다.

6장

땀 흘려 운동하라

우등생이 되려면
운동은 필수

'공부는 엉덩이로 한다.'라고 하면 촌스러운 옛날얘기라고 생각하는 독자들도 있을 것이다. 하지만 모르는 소리다. 물리적인 시간이 중요한 결정을 좌우하는 경우가 많기 때문이다.

물론 공부에 처음부터 시간이 중요한 건 아니다. 공부라는 것을 처음 시작하는 유아기에는 엄마와 약속한 양을 지키기만 하면 된다. 이때의 공부는 습관을 만드는 것이 포인트다.

아이가 자라 초등학교 4학년이 되면 공부의 종류가 달라진다. 초등학교 4학년부터 중학교 2학년까지는 질적인 공부를 하는 시기다. 이를 다른 말로 '과제 집착력'이라고 한다. 문제를 틀리지 않기 위해, 100점을 맞기 위해 과제에 집착한다는 말이다. 이 시절의 아이는 한 문제를 두고 끙끙댈 줄 알아야 한다. 내가 모르는 문제가 나오면 화가 나고, 알 때까지 이것저것 찾아보는 오기가 있어야 한다.

중학교 3학년부터 고등학교 3학년까지는 양의 싸움이다. 많이 하는 사람, 오래 공부하는 사람이 이기는 싸움이다. 수능이나 내신은 한 문제를 맞히느냐 틀리느냐에 따라 등급이 나뉜다. 실수하면 안 되는 이유이기도 하다. 제한 시간 내에 문제를 푸는 것을 마치 업무처럼 해내야 한다. 실수를 막으려면 긴 시간 제대로 된 훈련을 해야 하는데 이때 꼭 필요한 게 바른 자세다.

요즘 나는 대부분의 강의를 온라인을 통해서 한다. 많은 강사 분들이 나와 함께 강의를 준비하고 카메라 앞에서 열강을 펼친다. 준비하고 마무리까지 생각보다 꽤 긴 시간 동안 집중을 해야 하니 체력 소모가 참 크다. 그런데 어떤 강사 분들은 몇 시간이 지나도 신기할 정도로 똑바르게 앉아 있는가 하면, 20분도 채 제대로 못 앉아 있는 분들도 많다. 촬영이 지연되고 강의가 길어질수록 몸을 구부리고 허리를 꺾으며 불편함을 온 몸으로 표현하는데 수강생들이 눈치채면 어쩌나 걱정될 때도 있다.

'폼'을 중요하게 생각하는 운동이 있다. 볼링이나 야구, 골프 등은 정확한 자세를 익히는 것이 훈련에서 아주 중요한 영역이다. 왜 다들 자세를 강조할까? 그저 보기 좋아서일까?

정확한 자세를 몸에 익힌 사람만이 포인트를 맞출 수 있기 때문이다. 방향, 각도, 세기를 활용해서 원하는 곳에 정확하게 공을 보내는 것이 실력이다. 내가 치고 싶은 곳에 에너지를 몰아서 폭발시킬 수 있어야 한다. 공부도 마찬가지다. 바른 자세로 오래 해 본 사람이 타깃 지점에 폭발력 있는 에너지를 보낼 수 있다.

아들은 여러 시험을 준비하면서 밤샘 공부를 적지 않게 해 보았다. 체력이 좋은 20대 초반에는 이틀, 삼 일 밤을 새며 공부해도 힘들지 않았다고 한다. 그런데 시간이 지날수록 힘들어지는 게 느껴지더란다. 운동을 다시 하면서 체력이 좋아졌고, 덕분에 오랜 시간 공부할 수 있었다고 했다.

운동은 이제 선택이 아니다. 진짜 제대로 공부하려면 운동은 필수적이다. 그래서일까. 특목고, 자사고, 국제학교에서도 학생들에게 운동 시간을 충분히 주고 다양한 체력 단련을 시킨다.

공부 못하는 사람들이 운동을 잘한다고 생각하는 독자들이 있을지도 모른다. 그러나 그건 모르는 소리다. 운동을 잘하려면 좋은 두뇌가 필요하다. 중학교까지 프로 선수가 되려고 전문적인 훈련을 받던 학생들이 부상 등의 이유 때문에 공부로 전향하는 경우가 있다. 그런데 이 아이들이 하나같이 하는 이야기는 '공부가 훨씬 더 쉽다'는 것이다. 다들 공부가 어렵다고 난리인데 말이다.

오로지 몸으로 자기 자신과 싸워 내야 했던 훈련 과정이 얼마나 고단했는지 짐작이 간다. 이 아이들은 어려도 임계점에 도달해 본 큰 경험을 얻은 것이다. 땀 흘려 노력하고 얻는 달콤한 결과의 맛도 체험했으니 참으로 대단하다. 이들은 공부뿐 아니라 인생의 어려운 굴곡 또한 넘어설 수 있을 거라고 기대해 본다.

운동의 시작은
놀이터에서

아들을 잘 키워 내기 위해 엄마가 절대적으로 고려해야 할 몇 가지 요소들이 있다. 나는 '음식', '공부', '운동'을 가장 중요한 세 가지 요소로 꼽는다. 어느 하나 소홀히 생각할 수 없는 것들로, 이 세 가지가 정삼각형 모양으로 좋은 균형을 이룰 때 아들의 신체적, 정신적, 정서적 건강이 만들어진다. 남자아이 같은 경우엔 '운동'이 정말 중요하고, 엄마들도 이 사실을 알기에 유아 때부터 걱정을 하는 경우가 많다. '우리 아이에게 어떤 운동을 시키면 좋을까?' 하고 말이다.

운동에도 여러 가지가 있다. 여러 명이 어울려 훈련하는 팀 스포츠도 있고, 개인 선생님을 붙여서 익히는 게 좋은 운동도 있을 것이다. 기기를 사용해야 하는 운동도 있고, 기본적인 체력을 키우기 위해 정기적으로 줄넘기나 조깅을 할 수도 있다. 하지만 이런 운동은 유아 맘들에겐 당장 와닿는 일이 아니다. 그럴 때 가볍게 동네 놀이터에 나가 보면 어떨까?

나는 아들 운동의 출발은 '놀이터'라고 생각한다. 요즘은 아파트 단지나 공원에 아이들이 뛰어놀기 좋은 놀이터가 잘 마련되어 있다. 그런 놀이터를 그냥 지나치지 못하는 아들도 많을 것이다. 그런데 아들이 노는 모습을 바라보며 많은 엄마들이 이 시간을 아깝게 생각하는 것 같다.
'여기서 놀 시간에 학습지 한 장이라도 더 풀었으면……'
'제대로 된 운동도 아니고 왔다 갔다 시간만 보내는 게 뭐가 좋을까?'

엄마 눈에는 마냥 분주하게 왔다 갔다 하는 아이의 모습이 정신없어 보일 수도 있다. 같이 놀이를 하는 친구가 있으면 모를까 어떤 날은 친구도 없이 아들 혼자 여기저기서 허둥대곤 한다. 잠깐 미끄럼틀을 탔다가 구름다리를 건넜다가 철봉에 매달리고 놀이 기구 사이를 오가며 달린다. 집에 가자고 해도 못 들은 척하며 지루한 놀이를 이어 가는 것이다. 많은 엄마들이 답답하다며 한숨을 쉬지만 나는 이런 아이들에게 박수를 보내 주고 싶다.
30분이든 한 시간이든 스스로 놀이를 이어 갈 수 있다는 것은 대단한 능력이기 때문이다. 그것도 몸을 움직여서 노는 것은 생각보다 큰 의미를 지닌다. 아이의 모든 움직임에 뇌가 발달하고 근육이 자라난다.

놀이터의 핵심은 '자기 주도'다. 제자리에 서 있는 놀이 기구지만 이용하는 아이들마다 다른 놀이를 기획하고 실행한다. 어떤 놀이를 어떤 방식으로 하라고 가르쳐 주는 어른은 없어도 된다. 그저 분주하게 돌아다니는 것 같아도 아이의 머릿속에는 어떤 놀이를 어떤 순서로 진행할지 프로그래밍이 되어 있는 것이다. 어느 날은 모래를 파고, 어느 날은 멀리뛰기 시합을 한다. 놀이터 가운데에 서 있는 구조물은 아이들의 놀이 속에서 우주선이 되었다가 경찰서가 되었다가 마법사의 성이 되기도 한다. 아이가 상상을 이어 갈 때 그들의 뇌세포는 반짝이며 신호를 주고받고 뻗어 나간다. 이 얼마나 놀라운 학습인가.

아이의 뇌뿐만 아니라 몸도 자란다. 놀이터에 있는 구조물들은 약간의 위험 요소를 가지고 있다. 위험 상황에 도전하고 경험하면서 아이의 몸 또한 어떤 상황에서 어떤 근육을 써야 할지 학습을 해 나간다.

흔들 다리를 건널 때는 평형 감각이 필요하며, 높은 곳을 기어오를 때에도 균형을 잘 잡을 줄 알아야 한다. 시소에 제대로 앉아 발을 구를 때나 미끄럼틀에서 가속도를 제어할 때는 코어에 힘이 들어가야 하며, 철봉에 매달릴 때에도 엄청난 팔 근육이 필요하다.

똑바로 서고 똑바로 걷고 현재의 몸 상태를 유지하는 일. 앞으로 해나갈 크고 작은 일을 위해 필요한 근육들이 놀이터에서 이루어지는 움직임을 통해 만들어지는 것이다.

놀이터에서는 함께 놀 수도 있고 혼자 놀 수도 있다. 아이들의 사회성은 참 신기하다. 처음 만난 아이들과 어울려 게임을 하기도 하고 은연중에 리더를 뽑기도 한다. 그 과정을 통해 '팀플레이'의 기초를 배운다. 규칙을 세우고, 그것을 지키며 타인을 배려하는 방식이 자연스럽게 습득된다.

어떤 날은 놀이터에 친구가 없을 수도 있고, 아이의 성격이 내성적이라면 새 친구를 사귀기 힘들 수도 있다. 그럼 뭐 어떤가. 아랑곳하지 않고 땀을 뻘뻘 흘리며 뛰어다니는 것으로도 충분하다. 친구가 있으면 있는 대로, 없으면 없는 대로 내 몸을 움직여 놀 줄 아는 아이야말로 진정한 자기 주도를 실천하는 아이다.

아들에게 운동을 시키고 싶을 때 가벼운 마음으로 놀이터에 가자. 엄마가 곁에서 놀아 주어도 좋지만 혼자 실컷 놀 수 있게 환경을 만들어 주고, 살짝 자리를 비켜 주는 것도 필요하다. 시간 가는 줄 모르고 몸을 쓰며 놀이를 하는 아이와 근처 벤치에 앉아 책을 읽는 엄마를 떠올려 보자. 광고에나 나올 법한 근사한 그림 아닌가.

그리고 기억하자. 놀이터에서 혼자 노는 아이, 절대 불쌍하고 외로운 게 아니다. 자기 놀이를 기획하고 실행할 줄 아는 멋진 아이다.

소통형 인재를 만드는
팀 스포츠

과거 대치동에는 오래된 패스트푸드 매장이 하나 있었다. 신학기 시즌마다 그곳에서는 특이한 풍경이 펼쳐졌다. 열댓 명의 엄마들이 빙 둘러앉아서 한 명의 젊은 남자와 심각하게 이야기를 나누는 풍경이다. 정상 회담 못지않은 진지한 분위기가 연출되곤 하는데 대체 이 많은 엄마들이 한 남자를 둘러싸고 무얼 하는 것일까? 그렇다. 중간의 젊은 남자는 바로 축구팀 코치다. 어린이 축구팀을 만들기 전에 엄마들이 코치와 상담하는 모습인 것이다.

아이가 여섯 살에서 일곱 살이 되면 동네 엄마들 사이에서 연락이 온다. '축구 클럽에 들어가느냐 마느냐' '그 클럽 코치가 어떻다더라' 하는 등의 연락이다.

이 근방에서는 초등학교 입학 전의 남자아이는 축구 클럽에 들어가는 것이 거의 국룰처럼 여겨지고 있다. 아이의 성향에 따라 축구를 좋아할 수도 있고 아닐 수도 있겠지만 2학기가 되었을 때는 아무리 들어가고 싶어도 자리가 없으니 너도나도 신학기에 팀을 짜려고 애쓸 수밖에.

그러다 보니 이따금 엄마들이 하소연 섞인 질문도 해 온다.

"코치님, 저희 아들은 축구를 너무 싫어해요."

"하기 싫다고 하는데 어렵게 들어간 축구 클럽을 나와야 할까요?"

모든 아이가 축구를 좋아할 수는 없다. 왜 흥미를 못 느끼는지 아이에게 차근차근 물어보면 들려오는 대답도 제각각이다.

운동 실력이 모자라서 그 시간이 괴로울 수도 있고, 리더가 되지 못해 속상할 수도 있다. 아직은 '팀 스포츠'라는 개념을 잘 모르는 시기다. 언제나 자기가 주인공이 되어 모든 킥을 차야 직성이 풀리는 아이들은 서포트를 하는 역할이 답답할 수도 있다.

나는 고민하는 엄마들에게 큰 문제가 아니라면 적어도 1년 정도는 꾸준히 시켜 보라고 권한다. 운동의 스킬이 필요해서가 아니다. 팀플레이가 무엇인지 확실히 배울 수 있기 때문이다.

함께하는 운동엔 저마다의 위치와 역할이 있다. 눈에 확 띄는 큰 역할도 있고 작은 역할도 있으며 꼭 필요하지만 잘 보이지 않는 역할도 있다. 나에게 주어진 역할을 수행하고 다른 사람이 결과를 낼 수 있게 도우며 아이들은 협업이 무엇인지 알게 된다. 아이들이 앞으로 살아갈 사회는 지금보다 더욱 소통형 인재를 필요로 하는 사회다. 어린 시절 몸으로 부딪혀 본 이 경험이 앞으로의 삶에 필요한 자양분을 만들어 주지 않을까?

만약 우리 아들이 다른 아이들에 비해 실력이 너무 떨어져서 고민이라면 따로 수업을 만들어도 된다. 4회에서 6회 정도 축구에 필요한 기본 스킬을 가르쳐 주는 선생님을 섭외하자. 공을 어떻게 차야 하는지, 패스는 어떤 방식으로 해야 하는지 원 포인트 레슨으로 배울 수 있다. 몇 번의 훈련만으로도 실력은 금방 늘고 자신감도 쌓인다.

학년이 조금 높아지면 축구 클럽뿐 아니라 농구 클럽도 만들어진다. 굳이 사교육을 시키지 않더라도 아이들끼리 농구를 하려고 자주 모이기도 한다. 한 팀에 열한 명, 상대 팀까지 스물두 명이나 필요한 축구와는 달리 농구는 한 팀에 다섯 명만 모여도 되니 아무래도 부담이 적다. 가볍게는 마음 맞는 세 명이 모여 즐기기도 하고, 혼자 나가서 슛 연습을 할 수도 있다.

대치동 아이들이 밤늦게까지 공부만 한다고 생각하면 오산이다. 늦은 밤 동네 산책을 하다 보면 농구 골대 아래에서 땀을 뻘뻘 흘리며 공을 튀기는 아이들을 참 많이 볼 수 있다.

앞서 아들이 잘 자라는 데에는 '음식', '공부', '운동'이 꼭 필요하다고 이야기했다. 음식과 공부는 하루에 어느 정도 하도록 정해진 시간이 있지만 바쁘다 보면 운동은 건너뛰게 십상이다. 그러면 한창때인 남자아이들은 몸이 근질근질한 모양이다. 마치 몸에 독소가 쌓이는 느낌이랄까?

우리 아들도 늦은 시간까지 부지런히 공부를 하다가도 가끔 벌떡 일어나 밖으로 나가곤 했다. "엄마, 나 잠깐 운동 좀 하고 올게."라며 말이다.

땀을 흘리며 농구를 하거나 자전거를 타고 한 바퀴 휙 돌고 오면 몸과 마음이 개운해진다고 했다. 시원하게 샤워하고 잠을 청하면 그야말로 꿀잠 아닐까? 쌓인 피로도 풀고 근육도 커지니 운동을 마다할 필요가 없다. 스트레스가 쌓이면 종일 게임으로 푸는 아이들이 있다. 그에 비해 몸을 움직이며 몇 시간을 노는 편이 낫지 않은가.

하지만 제발 좀 운동 좀 그만했으면 하고 바라는 엄마들도 있다. 쌓이는 빨래를 볼 때마다 한숨이 나오기 때문이다. 땀과 흙으로 범벅이 된 아들의 옷은 생각하기도 싫다.

운동을 좋아하는 아들은 빨래도 잘해야 한다. 자, 이제 아들에게 세탁기에 빨래를 구분해서 넣는 법, 운동화를 스스로 빠는 법을 가르치자. 빨래까지 해결된다면 엄마도 아들도 스트레스 없는 건강한 하루를 보낼 수 있을 것이다.

내 몸은
내가 지켜야 한다

아들에게 운동을 가르치는 이유는 다양하다. 그중 한 가지는 나를 괴롭히거나 해치려는 자들로부터 스스로를 지키기 위해서다. 우리 아이들이 안심하고 다닐 수 있는 안전한 환경이 갖추어져 있다면 이런 걱정도 없겠지만 슬프게도 현실은 그렇지가 않다.

여전히 인적 드문 어두운 골목길을 지나야만 집으로 갈 수 있는 동네도 있고, 또래 친구들로부터 괴롭힘을 당하거나 돈을 뜯기는 일도 비일비재하다. 남자아이들의 경우엔 별것도 아닌 일로 종종 시비가 붙기도 하고, 실제 주먹다짐이 오가지는 않더라도 서열을 겨루는 은근한 기 싸움이 일어나기도 한다. 게다가 뉴스에서는 온갖 흉흉한 사건 사고들이 들려오니 엄마들의 불안이 커지는 것도 당연하다.

나 같은 경우에는 손톱만 한 작은 호루라기를 준비해 두었다. 아이들이 혼자 외출해야 할 때, 호루라기를 목에 걸어 주며 위급한 상황이 생기면 크게 불라고 알려 주었다. 요즘에는 휴대폰이나 키즈폰이 아이들의 안전에 도움을 줄 것이라 생각된다.

외출하는 아이들의 지갑에 몇천 원 정도의 현금을 챙겨서 넣어 준 일도 많다. 만일의 사태에 대비하는 용도였다. 대치동 학원가라고 해서 모범생들만 모이는 것도 아니다. 이따금 돈을 요구하며 거칠게 나오는 아이들이 분명히 있기 때문이다. 괜한 객기로 싸움이 일어나 얻어맞는 것보다 몇천 원 넘겨주는 것이 훨씬 지혜롭다고 생각한다. 물론 정기적으로 돈이나 물건을 빼앗긴다면 이는 심각한 일이다.

나는 아들에게 '의인'이 되려고 나서지 말라고 충고하곤 했다. 불의에 맞서거나 정의를 실현시키기 위해 자신을 희생하는 의인 말이다. 중요한 순간에 공동체를 위한 선택을 할 수 있게 가르치는 것도 중요하지만, 엄마들이 가장 먼저 신경 써야 할 것은 아들의 안전이라고 생각한다. 아이의 생명과 신체에 훼손이 간다면 다른 중요한 것들도 아무 소용없어지는 게 아닐까? 나의 이런 생각이 너무 이기적이라고 느껴질 수도 있다. 그러나 안전 앞에서 아들이 이기적인 판단을 해 주길 바라는 게 솔직한 엄마의 심정이다.

아들 육아에서 무엇보다 잘 먹이고 푹 재우는 것을 강조하는 이유 중

하나도 몸을 키우기 위해서다. 자기보다 몸집이 큰 상대는 괜히 건드리지 않는 것이 어쩔 수 없는 수컷의 본능이기 때문이다. 닭도 공작도 싸움이 나면 수컷들은 제 몸을 부풀리며 힘을 과시하지 않는가. 남자들의 세계에서 몸은 엄마들이 생각하는 것 이상의 힘과 권력을 의미한다. 여기에 스스로를 지킬 수 있는 강력한 무기 하나만 있어도 쉽게 얕보이거나 억울하게 당하지는 않을 것이다.

태권도나 합기도, 유도, 권투 같은 격투기 하나 정도를 익히고 있으면 호신용으로 확실히 도움이 된다. 오랜 기간 시킬 필요는 없지만 위험한 상황에서 스스로를 지킬 수 있는 정도로는 배워 두길 추천한다.

격투기와 관련된 운동을 할 땐 체력 단련만큼 중요한 것이 정신 수양이다. 자칫 잘못하면 상대를 해치는 용도로 사용될 수도 있기 때문이다.

지인 중에서도 안타까운 일을 경험한 분이 있었다. 그분의 아들은 오랫동안 수련한 수준급의 무인이었는데, 애석하게도 몇몇 질 나쁜 친구들에게 지속적으로 괴롭힘을 당해 왔다고 한다. 상대는 기분 나쁜 말로 화를 돋우며 여러 차례 싸움을 걸어왔는데, 그때마다 묵묵히 참던 아이가 어느 한순간 폭발하여 한 대 친 모양이다. 그럴 의도는 아니었는데 그 한 방의 주먹에 상대의 갈비뼈가 부러지는 바람에 거액의 합의금을 물어 줄 수밖에 없었다. 누가 먼저 싸움을 걸었는지, 얼마나 긴 시간 언어적으로 괴롭힘을 당했는지는 크게 인정이 되지 않았다. 폭력을 행사했다는 사실 하나만으로도 법적으로 아주 불리한 위치에 놓인 것이다.

다행히 세상은 점점 좋아지고 있고, 우리 아이들이 자라는 환경도 폭력으로부터 조금 더 안전한 쪽으로 변화하고 있다. 완벽하지는 않지만 범죄율은 줄어들고 있고, 학교 폭력으로부터 보호받을 수 있는 사회적 시스템도 점차 갖추어지고 있다고 믿는다.

앞으로의 세상을 살아갈 아들들은 범죄나 폭력에서 스스로를 지키기 위한 격투기가 아닌, 진심으로 몸과 마음을 수련하는 목적의 운동을 즐길 수 있길 바란다.

건강하고 행복한 삶,
운동이 답이다

요즘 아이들의 가장 큰 고민은 무엇일까? 성적? 이성 문제? 진로? 생각보다 많은 아이들이 외모 때문에 고민하며 그중에서도 비만 때문에 골머리를 앓는다. 사실 지금 이 시대엔 전 국민이 비만과의 전쟁을 치르고 있다고 말해도 과언이 아닐 것이다.

그렇다. 우리는 언제나 다이어트 중이다. 항상 음식을 먹으면서 죄책감을 느끼고, 먹는 자신을 보며 스트레스를 받는다. 그러다가 스트레스를 풀기 위해 또 음식을 먹고 결국은 '에라, 모르겠다.' 하고 포기하지 않았던가.

이렇게 어리석은 반복을 되풀이하는 게 우리 엄마들의 일상이지만 그나마 어른이기 때문에 나름 조절이란 것을 하고 있다. 아이들의 경우엔 욕구를 통제하는 능력이 어른보다 훨씬 더 부족하다. 몸에 해로운 음식에 더 쉽게 중독되고 배가 불러도 중간에 멈추질 못한다.

코로나19로 인해 집에 있는 시간이 늘어나고 활동량은 줄어들면서 매년 증가하던 소아 비만의 증가 폭이 더욱 커졌다. 한 대학 연구 팀의 조사 결과에 따르면 코로나19 이전에 비해 소아 비만 환자가 7.5퍼센트나 증가했다고 한다. 집콕 생활이 길어지며 인스턴트 식품이나 배달 음식은 더 쉽게 접하는데, 바깥 활동을 하지 못하니 소모 에너지에 비해 섭취 열량이 과도하게 쌓인 결과다.

비만은 유전적인 요소도 일부 작용한다고 하지만 가장 큰 원인은 '과도한 음식 섭취'와 '운동 부족'이다. 가족 구성원 모두가 비만으로 힘들어하는 집들이 있다. 자세히 관찰해 보면 유전적 문제가 아니라 공통된 식습관이 문제인 경우가 많다. 가족 구성원의 음식 취향이 비슷한 것이다. 엄마, 아빠, 아들딸 모두 달고 짠 음식, 밀가루, 국물 요리, 튀긴 음식, 탄산음료를 자주 찾는다면 비만을 피하기 어렵지 않겠는가.

나는 가족의 건강을 걱정하는 엄마들에게 해로운 음식은 근원적으로 차단하라고 말한다. 아예 처음부터 냉장고에 탄산음료를 넣어 두지 말고 팬트리에 과자를 쌓아 두지 말라고 말이다.

음식은 웬만하면 싱겁게 먹어야 한다. 그러나 요즘 아이들은 달고, 짜고, 매운 '단짠맵' 음식에 길들여져 있는 게 사실이다. 이러한 맛은 외식을 하러 식당에 가면 흔히 접할 수 있다.

왜 식당에서 먹는 음식은 달고, 짜고, 매울까? 일단 손님들은 자극적인 맛에 익숙해 있다. 재료 본연의 맛보다는 강한 양념 맛에 끌린다고 해야 할까? 음식의 간이 약하면 바로 맛없다며 불평한다고 한다. 따라서 식당 음식은 점점 더 달고, 짜고, 매워지는 것이다.

요리를 해 본 주부들은 안다. 정말 좋은 재료는 그 자체로도 좋은 맛이 난다는 것을 말이다. 제철에 난 신선한 채소는 살짝 데쳐서 무치는 것만으로도 훌륭한 요리가 된다. 신선한 냉장 상태의 고기는 양념에 재어 놓을 필요가 없다. 그냥 구워 먹는 게 가장 맛있기 때문이다. 반대로 냉동과 해동을 반복한 고기는 당연히 누린내가 나고 그것을 감추기 위해서는 자극적인 양념이 필요하다. 혹여 자주 가는 식당의 음식이 너무 자극적이라면, 재료의 신선도를 확인할 필요가 있다.

건강한 밥상을 차리고 싶다면 '단짠맵'과 반대로 가면 된다. 좋은 식재료와 제철 음식을 사용하여 덜 달고, 덜 짜고, 덜 맵게 조리하면 가족의 건강은 자연스럽게 따라올 것이다.

그리고 덜 먹어야 한다. 가끔 텔레비전에 나오는 연예인들이 "저는 먹으려고 운동해요."라고 말하며 화려한 먹방을 선보이기도 하는데, 이들이 하는 운동은 일반인들의 운동과는 차원이 다르다는 것을 명심하자. 그들은 트레이너가 일대일로 옆에 붙어서 집중적으로 관리해 주는 고가의 PT를 받는다. 평범한 일반인들은 따라 하기 쉽지 않을 것이다.

그러니 식사량을 조절하여 건강을 지켰으면 좋겠다.

물론 운동도 중요하다. 우리 몸은 공장과도 같아서 기계가 돌아가듯 자연스럽게 소화와 배설이 이루어져야 한다. 음식을 섭취하며 얻은 영양소가 에너지를 내고 혈관을 통해 각 장기로 보내지며 순환되어야 한다.

먹자마자 눕거나 장시간 같은 자세로 게임을 한다면 소화가 잘될 리 없다. 당연히 속이 더부룩하게 마련인데 그때 속이 안 좋다며 콜라를 먹으면 악순환의 연속이다. 소화가 잘되려면 탄산음료를 찾을 게 아니라 운동을 해야 한다.

남자아이는 수영, 여자아이는 필라테스처럼 체형을 다듬어 주는 운동도 좋지만 매일 가족과 함께 습관처럼 반복하는 가벼운 운동도 좋다. 푸짐하게 저녁을 먹은 날엔 아이와 함께 한두 시간씩 걸으면 어떨까? 신선한 공기를 마시며 산책을 하며 두런두런 이야기를 나누다 보면 가족과의 사이도 어느덧 돈독해져 있을 것이다.

평소에 몸을 많이 움직이는 것도 도움이 된다. 아들에게 집안일을 가르치는 것이 필요한 이유기도 하다. 스스로 침대 위를 정리하고, 청소기도 돌리고, 운동화도 빨며 이리저리 움직이게 하자. 은근히 칼로리 소모에 도움이 된다. 굳이 다이어트가 아니더라도 몸을 자주 움직이며 내 주변에 작은 변화를 주는 것은 정신 건강에도 좋다. 인간은 스스로를 쓸모 있다고 느낄 때 행복해진다. 내 손이 오갈 때마다 집이 단정해지고 빛이

나면 우리는 존재의 쓸모를 실감하지 않는가. 집안일은 그러한 행복을 만드는 작은 방법이 아닐까 싶다.

인간의 심리는 복잡한 것 같지만 때론 아주 단순하다. 몸을 움직이면 생각보다 금세 행복해진다. 나와 아이의 행복한 삶을 위해 지금부터 운동을 시작하자.

Q. 성인이 되어서도 스포츠 활동이 중요한가요?

A. 스포츠의 의미는 크게 두 가지로 나눌 수 있을 것 같아요. 첫 번째는 사회적인 의미의 스포츠인데요, 팀 스포츠를 통해 리더십을 키우고 다른 사람과 어울리는 법을 배우는 거지요. 사실 우리나라보다 외국에서는 이런 스포츠 취미 활동을 더욱 중요하게 생각하는 것 같아요. 처음 사람을 사귈 때 나누는 대화에 꼭 등장하는 말이 '너 특별히 하는 스포츠 활동이 있니?'거든요. 개인의 특수성을 확인하는 데 아주 중요한 요소로 적용되는 것 같아요. 이럴 때 평소 즐기는 스포츠가 있다면 자신 있게 대답을 하고 함께 즐기지 않겠냐고 제안할 수도 있죠. 운동은 리더십을 기르는 것뿐 아니라 글로벌 무대에서도 자연스럽게 대화할 수 있는 좋은 역량이라고 생각해요.

두 번째는 나를 위한 스포츠예요. 누구와 꼭 함께하지 않아도 혼자 정해진 시간에 운동을 하다 보면 삶의 방식이 선순환된다는 것을 느껴요. 생활이 규칙적으로 바뀌고 마음도 긍정적으로 변하게 되지요. 운동을 통해 신체를 관리하다 보면 식사 시간과 수면 시간도 규칙적이 되고, 나에게 주어진 시간을 짜임새 있게 활용할 수 있어요. 개인의 삶에 아주 큰 이득이 되는 부분이죠.

Q. 어렸을 때부터 운동을 좋아했나요?

A. 아뇨, 초등학생 때는 몸도 왜소하고 마른 편이었어요. 그리고 운동을 진짜 싫어했어요. 사람들이 저보고 축구 잘하게 생겼다고 하는데, 사실 저는

정말 공을 못 찼거든요. 공을 다루는 능력이 선천적으로 부족했던 것 같아요. 그런데 한국에서 학교생활을 하면 축구 같은 구기 종목을 주로 하게 되잖아요. 그걸 잘 못했으니 스스로를 운동과 거리가 먼 사람이라고 생각했지요.

하지만 커 가면서 다양한 운동을 접하다 보니 운동이 재미있다는 것을 알게 되었어요. 공은 잘 못 찼어도 무식하게 힘 쓰는 것은 잘했거든요. 그리고 수영을 비롯한 수상 스포츠를 좋아했어요. 최근에는 승마를 배웠는데 저에게 정말 잘 맞아서 즐겁기도 했지만 체력적으로도 큰 도움이 되었지요.

사실 어린 시절 아이가 경험할 수 있는 운동의 종류는 제한적이잖아요. 그런데 몇 가지의 옵션을 제시하고 잘 못하면 '이 아이는 운동과 안 맞는구나.' 하고 단정 짓는 경우가 많은 것 같아요. 운동의 종류는 정말 다양하고 각자 자기에게 맞는 부분이 있다고 생각해요. 그렇기 때문에 하나를 못하면 다른 것을 탐색해 보고 맞는 것을 찾아 가는 과정도 필요할 것 같아요.

Q. 운동을 하게 된 특별한 계기가 있을까요?

A. 운동을 좋아하지는 않았지만 살찌는 건 막고 싶었어요. 대학교 때 학생회 부대표가 되었는데 매일 술자리에 불려 가다 보니 갑자기 살이 많이 찐 거예요. 그때 친구 소개로 헬스를 접하게 되었고 정말 재미있다고 생각했어요.

지금 생각했을 때 아쉬운 점은 독학으로 운동을 시작했다는 거예요. 돈이 좀 들더라도 운동을 처음 시작할 때에는 좋은 코치에게 제대로 배우는 게 부상을 방지하고 빠르게 배우는 지름길이거든요. 그런데 어린 마음에 혼자 할 수 있다고 생각해서 영상을 보고 잘못 배우다가 다치기도 했고 그것 때문에 고

생을 좀 했어요. 그러나 시간이 많이 지난 지금까지도 운동은 저의 일상이 되었지요.

지금은 매일 혼자 헬스를 하고, 가끔 PT를 받아요. 그리고 스페셜하게 윈드서핑이나 승마를 할 때도 있지요. 하루에 일정 시간을 운동에 할애한다는 건 신체적 건강뿐 아니라 마음의 건강과도 연결된다고 믿기 때문이에요.

Q.   특히 남학생들에게 운동은 참 중요한 거 같아요.

A.   맞아요. 공부를 하다가도 스트레스가 많이 쌓일 때면 자전거를 타고 한 바퀴 돌고 왔어요. 그러면 묵혔던 감정도 발산되고 마음이 가뿐해지지요. 아무래도 성장기엔 남성 호르몬이 많이 분비되잖아요. 남성이라는 생명체가 그 시점엔 외부적인 활동을 하도록 설계된 게 아닌가 싶어요. 건강하게 풀어내지 못하면 스트레스를 받을 수도 있으니 자기가 좋아하는 운동을 꾸준히 하는 것은 정말 필요한 일인 것 같아요.

Q.   운동만큼 수면도 중요하지 않나요?

A.   특히 성장기에는 수면이 절대적으로 중요하다고 생각합니다. 수면을 포기하는 것은 성장을 포기한다는 것과 같아요. 운동 후에도 충분한 수면을 취해야 근육이 성장하거든요. 실컷 운동을 하고 잠을 자지 않는다면 운동한 게 소용없지요.

청소년기에 공부를 하기 위해 수면 시간을 억지로 줄이는 친구들도 있어요. 물론 내신 시험을 치르기 위해 단기간에 암기 과목을 공부하려면 밤을 새워야 하는 경우도 있을 거예요. 그러나 절대 습관이 되어서는 안 됩니다. 앞으로 많은 일을 하려면 체력이 뒷받침되어야 하는데, 충분한 영양과 수면 없이는 체력을 키우기 어려워요. 본인 스스로의 만족을 위해서도 자신의 신체 발달에 관심을 가지고 아끼는 자세가 필요할 것 같습니다.

Q. 공부하는 데에도 체력은 중요하겠지요?

A. 예전에 미국의 대학교 생활에 대한 다큐멘터리를 본 적이 있어요. 제대로 된 학교생활을 하려면 세 가지 중 하나는 포기해야 한다는 내용이었어요. '공부', '잠', '클럽 활동' 이 세 가지를 한꺼번에 다 할 수는 없다는 뜻이지요. 시간도 부족하거니와 체력이 달리기 때문이에요. 그런데 그것을 보완해 줄 수 있는 게 운동인 것 같아요. 예전에 운동을 안 하던 시절엔 하룻밤만 새워도 다음 날 너무 힘들었거든요. 그런데 매일 운동하며 체력을 단련시켰더니 중요한 일이 있을 때 며칠 정도 잠을 자지 않아도 버틸 수 있더라고요.

7장

아들아,
진짜 공부를 해라

글로벌 인재를
꿈꾸다

내 아들이 앞으로 어떤 일을 하고 어떤 삶을 살기를 원하는가? 대부분의 엄마들은 남들이 알아주는 그럴싸한 직업을 떠올릴 것이다. 지금 선망받는 일자리도 많지만 나는 엄마들에게 시야를 좀 더 넓혀 보라고 이야기한다.

'글로벌 인재'라는 말을 많이 들어 봤을 것이다. 세계화 시대 수많은 글로벌 기업과 일할 수 있는 능력과 여건을 갖춘 사람을 뜻하며, 현대 사회의 핵심 인재라고들 한다. 다른 나라의 문화를 이해하는 능력, 세계 정세를 읽어 내는 시각도 필요하지만 사실 글로벌 인재에게 가장 필요한 역량은 '영어'다. 자유롭게 영어를 구사하고, 영어를 도구로 일할 수 있는 사람, 그들을 일컬어 우리는 글로벌 인재라고 불렀다.

그러나 시대에 따라 글로벌 인재라는 말의 의미도 변하는 것 같다. 과거에는 회사 안에서 영어를 사용하여 업무를 보는 사람을 뜻했다. 해외 기업을 상대하는 회사에서 대외 업무를 담당하거나, 비즈니스 컨설팅 같은 전문직의 영어 활용 능력을 갖춘 사람 등이다. 영어 잘하는 사람을 찾기 어려웠던 만큼 그들의 능력은 크게 평가되었을 것이다.

지금은 어떠한가? 영어 교육의 기회가 많아짐에 따라 수준도 상향평준화되었다. 많은 이들이 자유롭게 영어를 쓰는 만큼 영어로 업무를 볼 수 있는 사람도 어렵지 않게 찾을 수 있다. 고급 영어까지는 아니더라도 고객과 커뮤니케이션을 하면서 평균적 수준의 업무는 처리할 수 있는 것이다. 앞으로의 글로벌 인재는 단순 영어 능력 보유자의 개념을 넘어선다.

자신의 활동 무대에 제약이 없는 사람. 전 세계 어느 곳에서나 꿈을 펼칠 수 있는 사람. 그들이 바로 이 시대가 원하는 글로벌 인재가 아닐까? 해외에서 사업을 진행하는 경우도 있고, 해외 지사에 나가거나 외국계 기업의 본사에서 일하는 경우도 있을 것이다. 한국에서 공부하여 나갈 수도 있고, 외국에서 대학을 나와 현지에 정착하는 경우도 있겠다.

현대 한국 사회의 젊은이들은 자신이 교육받은 수준에 비해 충분한 보상을 받지 못하고 일하는 경우가 많다. 게다가 자기 계발을 위해 추가적으로 지불해야 하는 비용도 만만찮다. 아무래도 한국어라는 굴레로 닫혀 있는 한국 시장에서 직업을 구한다면 한계는 어쩔 수 없다. 한국 기업 또한 적은 임금으로도 유능한 인재들을 사용할 수 있으니 애써 변화를 꾀할 리 없다. 닫힌 생태계 안에서 수요와 공급 원리가 적용되니 말이다. 그래서일까. 실력 있는 많은 젊은이들이 '어차피 이직해 봤자, 거기서 거기…….'라는 생각으로 지금의 대우에 만족하며 일하는 모습을 수없이 봐 왔다.

하지만 무대를 벗어나면 얘기가 달라진다. 한국이라는 지형적 한계에서 벗어나 넓은 공간에서 뛰놀면 어떨까? 세계는 넓다. 우리 세대는 감히 상상도 할 수 없는 넓은 무대가 아이들을 기다리고 있다. 이들이 활동할 세상은 온라인과 오프라인이 혼재된 세상이고, 가상의 세계 또한 무대가 된다. 마켓 자체가 달라졌다.

그렇다면 영어 공부는 어느 수준까지 해야 할까? 글로벌 인재의 의미를 되새기다 보니, 우리 아이들이 왜 영어 공부를 해야 하는지, 어디까지 해야 하는지 근본적인 질문 앞에 서게 된다. 기술의 발달로 짧은 영어 실력으로도 기본적인 생활은 가능해졌다. 인공 지능이 번역도 하고, 통역도 그럴싸하게 해 준다.

그러나 내가 생각하는 영어의 목적은 '영혼이 통하는 대화'다. 정보 전달이 목적이 아니라 사람과 사람의 마음이 통하는 대화 말이다. 세계를 무대로 뛰놀기 위해서는 비즈니스 너머의 감정과 정서를 공유하는 대화가 가능해져야 한다.

아무리 디지털이 발전하고 기술이 새로워져도 결정을 내리는 것은 인간의 역할이다. 중요한 의사 결정에 참여하려면 그에 맞는 무기가 필요하다. 고도의 의사 결정을 위해서는 상대를 설득하고, 통합적인 지식 수준을 적용하여 미래를 시뮬레이션해야 한다. 무엇보다 상대의 마음을 움직여야 한다.

단순한 정보 전달이 목적이 아니라 영혼이 통하는 대화가 목적이라면 더 많은 시간과 노력이 필요할 것이다. 기술적인 언어 능력을 열심히 공부해도 문화적 체험이나 통찰이 없으면 오해를 사거나 전달이 어렵기 때문이다.

언어는 어린 나이에 공부하면 유리한 게 사실이다. 유년기에 접한 언어를 통해 사회적인 코드나 표현 방식에 익숙해질 수 있다. 그만큼 대화가 수월해지는 건 당연하다. 그렇기 때문에 망설이거나 미루지 않고 미리미리 역량을 쌓는 게 좋은 방법일 것이다. 물론 그 시기를 지났다고 해서 포기할 건 아니다. 나이가 들어서도 충분히 공부할 수 있다. 책이나 영화, 드라마처럼 그 지역의 문화와 코드를 담고 있는 콘텐츠를 통해 언어를 학습한다면 훨씬 유리할 것이다.

문화를 이해하는 대화, 영혼을 나누는 대화가 가능할 정도의 실력이 만들어진다면 활동 무대가 폭발적으로 넓어진다. 노력에 대한 보상도 더 잘 받을 수 있고, 사업이나 투자도 마찬가지다. 그 가능성을 기반으로 얼마든지 더 좋은 선택을 할 수 있다.

21세기의 당연한 역량으로 느껴질 수도 있지만 내가 여전히 영어를 강조하는 이유다. 영어는 소통의 도구다. 타인에게 나의 영향력을 미칠 때 장애 요소로 작용하는 것이 많다. 기억하자. 소통을 가로막는 장애물을 넘어서게 해 주는 것, 타인에게 나의 영향력을 행사할 수 있는 힘, 고도의 의사 결정에 참여할 수 있는 무기, 그것이 바로 영어 실력이다.

꿈에 날개를
달아 주는 영어

엄마들이 공부하던 시절에 비해 여러모로 자료가 많은 요즘이다. 특히 영상 자료는 정말 손쉽게 찾을 수 있고 잘만 활용하면 큰 도움을 받을 수 있다. 영상을 통해 다양한 과목을 공부할 수 있지만 특히 영어는 마음만 먹으면 공부하기 참 편한 시대가 아닌가 싶다.

우리 엄마들 중에서도 영어 방송이나 유튜브를 틀어 주고 아들의 영어 공부를 시키는 사람들이 꽤 많을 것이다. 아이가 어릴수록 디지털 기기가 익숙한 건 사실이다.

물론 예전처럼 《성문 기초영문법》 1쪽부터 밑줄 빡빡 치며 공부할 필요는 없지만 모든 공부를 영상에만 의존하라고 권하고 싶지는 않다. 학습의 양이나 깊이 등에서 부족한 부분이 생길 수 있고, 특히 유튜브의 경우 여러 영상이 떠돌다 보니, 자료의 신빙성을 검증하기 어려운 경우도 많기 때문이다. 궁극적으로는 아날로그와 디지털이 조화를 이룬 방법이 좋은 공부법이 아닐까?

영어 공부는 범위도 넓고, 깊이도 다양하다. 또 공부하는 사람의 성향에 따라 적은 에너지로 효과를 빨리 볼 수 있는 영역도 있다. 아들 중에서는 문과적 성향이 두드러지는 아이도 있고, 이과적 성향이 두드러지는 아이도 있다. 타인과 말하기를 좋아하는 아이도 있지만, 대화를 즐기지 않는 과묵한 아이도 있다. 기질이나 성격에 따라 접근할 수 있는 영어 공부법이 따로 있을 것이다.

그런데 공통적으로 누구에게나 잘 맞는 공부법은 관심사로부터 시작하는 것이다. 많은 아들들이 한 가지에 꽂히면 집요하게 파고드는 성향이 있지 않은가. 그 분야의 자료를 영어로 찾을 수 있게 도와주는 것이다.

첫 번째로 추천하는 방법은 영상을 활용하는 것이다.

축구를 좋아하면 영국 프리미어 리그 중계 영상을 찾아 준다. 실컷 보고 즐겁게 덕질을 하다 보면 자신도 모르는 사이에 영어 실력이 늘어나 있을 것이다. 자동차를 좋아하면 영어로 된 자동차 영상을 찾아봐도 되고, 우주를 좋아하면 우주 관련 영상을 검색하면 된다. 내가 좋아하는 분야면 모든 단어를 다 숙지하지 않아도 대강의 내용은 짐작할 수 있고, 익숙한 문장과 단어는 한꺼번에 머리에 들어올 것이다. 그렇게 문장의 구조와 표현력을 익혀 가는 것이다.

가능하면 여기서 조금 더 욕심을 내면 좋다. 영상을 본 데서 끝내지 말고 일기를 써 보는 것이다. 물론 내용은 내가 본 영상에 대한 요약과 감상이다. 축구에 대한 내용을 봤으면 축구 일기, 자동차에 대한 내용을 봤으면 자동차 일기가 되는 셈이다.

심리학 용어 중에 '메타인지'라는 말이 있다. 자신의 인지를 파악하는 인지를 말하며 '초인지'라고도 부르는데, 쉽게 말하면 내가 무엇을 알고 무엇을 모르는지 판단하는 능력이다. 우리는 흔히 나에게 익숙한 것을 '내가 잘 알고 있다'라고 착각하게 마련이다. 온종일 책을 들여다보았으면 그 책과 감정적으로 가까워지고 책 내용을 잘 알고 있다고 믿는다. 그러나 다음 날 시험지를 받아 보면 다 틀리고 마는데, '친근한 것'과 '아는 것'은 엄연히 다르기 때문이다. 그렇기 때문에 심리학자들은 남에게 설명할 수 있는 지식이 진짜 나의 지식이라고 말하기도 한다.

오랜 시간 영어로 된 음성을 듣고, 영어를 말하는 사람의 영상을 시청했다면 마치 내가 그 말을 다 이해한 것처럼 착각하기 쉽다. 확실히 배웠는지 확인하려면 글을 써 보는 것이 좋다. 누군가에게 보여 준다는 생각으로 내가 배운 것들을 차근차근 써 내려가다 보면 어떤 부분을 이해했는지, 또 어떤 부분을 놓쳤는지 알 수 있다. 그리고 머릿속에서 생각의 과정이 정리되면서 진짜 나의 지식으로 받아들일 수 있다.

그래서 배움 후에는 글로 정리해 보는 것이 좋은데, 아이들이 가장 쉽게 다가갈 수 있는 글의 형태는 일기일 것이다. 한글을 자유롭게 쓸 실력이 안 되는데 억지로 영어 일기부터 쓸 필요는 없다. 한글로 시작했다가 나중에 영어로 쓰면 된다. 전문 용어 등은 대부분 영어로 되어 있기 때문에 알파벳으로 기록하는 것이 여러모로 도움이 될 것이다.

관심 영역으로 출발하여 수준 높은 외국어 실력을 쌓는 예는 우리 주변에서 쉽게 볼 수 있다. 일본어를 잘하는 사람 중에는 학원 한 번 안 가고 독학을 한 경우가 많은데, 알고 보면 자기가 좋아하는 게임과 만화에 영향을 받은 경우다. 하루 이틀, 일 년 이 년 반복하다 보니 취미가 실력이 된 셈이다.

그저 보고 즐기는 데에서 끝나면 발전 속도가 늦다. 작은 것이라도 정리하고, 찾아보고, 메꿔 가면서 나의 메타인지를 활용할 줄 아는 사람이 금방 성장하는 법이다.

두 번째 방법은 인터넷 검색을 활용하는 것이다. 검색하기 또한 아들이 쉽게 접근할 수 있는 영어 공부 방법이다. 아들이 하나의 관심사에 꽂히면 엄마도 그 분야의 준전문가가 되어야 한다. 시도 때도 없이 질문하기 때문이다. "엄마, 이건 왜 그럴까?" "엄마, 그때 그 말이 뭐였지?" 수없이 쏟아지는 질문에 온종일 스마트폰을 붙잡고 있어야 하는 경우도 많다.

이럴 때 아들이 직접 찾아볼 수 있게 검색하는 방법을 알려 주면 어떨까? 네이버에 들어가서 검색하는 방법도 알려 주고, 구글에서 검색하는 방법도 알려 줘 본다. 그리고 구글에서 영어로 검색하는 것도 알려 준다. 어디서 검색하는지, 어떻게 검색하는지에 따라 결과의 내용도 다르고 양도 차이가 날 것이다. 인터넷의 바다를 떠돌다 보면 검증되지 않은 누군가의 한 줄짜리 간략한 지식부터 참고 문헌이 수십 수백 개가 달린 논문까지, 정보의 양적 질적인 차이를 느낄 수 있다. 검색 포털과 사용 언어에 따라서도 그 결과가 달라진다는 것을 아이도 느끼게 될 것이다.

이번에도 검색에서만 끝날 게 아니라 배운 내용을 정리하도록 도와주면 좋겠다. 일명 '나만의 지식 사전 만들기'다. 종이에 한 글자 한 글자 적어 내려가도 좋고, 컴퓨터가 익숙한 아이들은 컴퓨터 문서에 입력해도 된다. 이런 작업이 별것 아닌 것 같아도 꾸준히 하다 보면 실력이 느는 게 확 보인다. 기억하자, 남에게 설명할 수 있는 지식이 진짜 나의 지식이라는 걸.

세 번째 추천 방법은 외국에서의 경험이다. 요즘은 코로나19 여파로 외국 여행을 가기가 쉽지 않다. 그러나 시간이 지나 아이들과 다시 자유롭게 외국에 나가게 되면 아이가 직접 외국인과 소통할 수 있는 기회를 만들어 주자. 키오스크에서 주문하는 것부터 시작해서 편의점에서 물건을 사 오도록 한다. 익숙하지 않은 공간에서 맞닥뜨리는 크고 작은 상황들은 아이에게 엄청난 도전이 된다. 그리고 영어가 왜 필요한지 실감하는 계기가 될 것이다. 각 상황에서 필요한 말들을 미리 연습시켜 보고 잘 해냈을 때 크게 칭찬해 주면 어떨까? 어느 정도 익숙해지면 분위기 좋은 카페나 레스토랑에서 의젓하게 주문도 할 수 있을 것이다. 웨이터가 정중하게 영어로 답변해 주고 주문한 음식이 성공적으로 나왔을 때, 아이의 뿌듯한 표정을 상상해 보자. 영어로 말하는 게 얼마나 신나고 즐거운 일인지, 세계 어느 나라에 가더라도 다른 사람과 대화할 수 있는 게 얼마나 근사한 일인지 체험하는 좋은 기회가 될 것이다.

이처럼 실용적으로 접근하고 실질적인 이익이 되는 모습을 보여 준다면 아이 스스로 공부의 필요성과 기쁨을 깨닫지 않겠는가.

네 번째로 초등 고학년이 되면 슬슬 문법에 대해 고민하는 시기다. 시험 문제에서도 문법이 많이 나오고 즐겁기만 했던 영어 공부가 피곤해지는 시점이다. 도대체 문법을 왜 공부해야 하냐고 묻는 아이들도 많을 것이다.

이럴 땐 약간의 수치심을 이용하는 것도 방법이다. 문법은 기본 이상의 고급 언어를 구사할 때 필요한 스킬이다. 한국어를 잘한다는 외국인들을 봐도 마찬가지이다. 어법을 몰라 어리숙하고 유치한 말로 웃음을 주는 사람도 있지만, 한국인 못지않게 유창한 말을 구사하는 사람들도 있다.

한국인이 쓴 글도 그렇다. 우리나라 말인데도 문법을 모르는 사람이 쓴 글은 주술 관계가 엉망이고 호응도 맞지 않는다. 이런 글은 남들이 읽어도 무슨 말인지 이해하기가 어렵고 공식적인 자리에 떳떳하게 보여 주기엔 창피한 글이 된다. 아무리 재력이 있고 권력이 있는 사람이라도 제대로 된 문장을 쓰지 못한다면 망신스럽지 않겠는가.

고급스러운 말, 멋진 말을 하고자 배우는 공부라고 하면 아이들도 받아들일 것이다. 수준 높은 영어를 구사하게 되면 아이가 미래에 할 수 있는 일이 많아진다.

영어를 잘한다는 것은 '폭넓은 선택을 할 수 있다'는 뜻도 된다. 주변을 보면 다른 조건은 다 갖추었는데 영어 하나가 부족해서 포기했던 경험은 의외로 많다. 대학원 진학, 유학, 진급, 사업 확장도 해당될 것이다. 어릴 적부터 영어 공부를 제대로 시켜 우리 아이들이 어른이 되었을 때 영어 때문에 속상해하는 일은 없었으면 좋겠다.

Q.   영어 공부의 비법이 있을까요?

A.   다른 공부와 달리 영어 공부는 매일 하는 게 핵심이라고 생각해요. 사회학이나 경제학처럼 이론을 이해하고 지식을 습득하는 공부는 일주일에 몇 번 정해진 시간에 해도 괜찮아요. 그러나 영어 같은 언어 공부는 지식을 습득하는 게 목적이 아니라, 나에게 그 언어를 체화시키는 게 목적이잖아요. 체화시키려면 되도록 매일 하는 습관을 들여야겠죠.

다들 아시겠지만 영어에는 말하기(Speaking), 듣기(Listening), 읽기(Reading), 쓰기(Writing)의 네 영역이 있는데 저의 경우는 이 네 가지 영역을 되도록 일상생활에 적용하려고 노력했어요. 물론 한국이라는 비영어권 국가에서 적용하는 게 쉽지는 않을 거예요. 하지만 반드시 한국어를 써야 하는 부분을 제외하고 최대한 영어를 많이 쓰는 게 가장 빨리 학습하는 방법이라고 생각했어요.

Q.   어린 시절에는 어떤 방법으로 영어를 공부했나요?

A.   저는 초등학교 때 2년 정도 캐나다에서 살다 왔지만 그 이후에는 다른 친구들과 마찬가지로 영어 학원을 다니면서 다양한 종류의 영어 공부를 했어요. 미국의 뉴스를 보고 받아 적거나 따라 말했고, 그 주제를 가지고 토론하기도 했지요. 그때 저는 영어 단어 외우는 걸 너무 싫어했어요. 그래서 핑계를 대고 미루기도 했어요. 지금 생각하면 참 후회되는데요, 싫은 일도

참고 해야 언어 실력이 빨리 늘 텐데 그 부분을 간과한 것 같아요.

언어는 '체화'가 목적이라고 말씀드렸잖아요. 평소 하던 습관에서 달라지면 자동적으로 몸이 거부하는 것 같아요. 우리 뇌도 사는 데 필수가 아닌 새로운 영어 단어를 입력하려고 하면 쉽게 받아들이지 않겠죠. 그럼에도 불구하고 그것을 꾸역꾸역 밀어 넣어야 일상이 되고 습관이 되지 않을까요? 어떤 사람은 단어 외우는 게 죽도록 싫고, 말하기를 두려워하는 사람도 있을 거예요. 하지만 그것을 극복할 때 실력이 따라오는 것 같아요.

Q.   문법 공부는 어떻게 했나요?

A.   어릴 때 단어 외우기만큼 하기 싫었던 게 문법 공부였어요. 어린 마음에 이런 걸 안 해도 충분히 의사소통할 수 있는데 굳이 공부해야 하나 싶었지요. 나중에 커 가면서 문법의 중요성을 뼈저리게 느끼게 되었지만요. 언어 수준이 낮은 어릴 때에는 전달하는 내용이 단순하지요. 그러나 나이가 들고 생각이 깊어지면 고도의 사고를 전달해야 하고 그에 맞는 어휘와 문법이 필요하게 됩니다. 그걸 깨닫는 데 시간이 걸린 만큼 쓰기 실력을 키우는 데 오래 걸린 것 같아요. 깨닫고 나서는 절대 문법 부분을 게을리하지 않았지요.

문법 같은 경우에는 목표에 따라 교재를 다르게 선택할 수 있을 것 같아요. 한국에서 치르는 영어 시험을 잘 보는 것이 목표라면 한국에서 출판된 교재로 공부하는 게 좋아요. 하지만 저의 경우는 글로벌 무대에서 실질적으로 쓸 수 있는 문법이 필요했기 때문에 영미권에서 출판된 교재를 사서 공부했어요. 그것이 더 문법적으로 잘 맞고 현지에서 전달이 잘 될 거라고 생각했거든요.

Q.   요즘은 영상으로도 영어를 많이 공부하는 것 같아요.

A.   맞아요. 유튜브나 영화 등 좋은 영상 자료가 많아서 영어 공부에 도움이 될 것 같습니다. 하지만 중요한 것은 학습을 하려면 인풋과 아웃풋 두 가지를 모두 생각해야 한다는 거예요. 그냥 재미있게 영상을 본다고 해서 그 영어 문장들이 그대로 머릿속에 들어오지는 않으니까요. 저도 어린 시절 어머니께서 틀어 주시는 영어 비디오를 많이 보았는데, 제대로 공부하기 위해서 영화에 나오는 대사를 모두 외웠던 기억이 나요. 마찬가지로 매체에서 나오는 영어를 그냥 흘려듣는다고 해서 듣기 능력이 향상된다고 생각하지 않아요. 그것을 따라 적는다거나 대본을 외우는 등의 아웃풋이 수반되어야 해요. 그저 재미있는 공부법은 없어요. 효과를 거두려면 늘 그에 맞는 활동이 필요하거든요.

Q.   영어 공부의 목표는 어떻게 잡아야 할까요?

A.   개인의 인생 목표와 방향이 중요할 것 같아요. 단순히 수능을 잘 보기 위해 영어를 공부한다면 그 정도 수준에서 공부를 하면 될 거예요. 그럼 대학은 잘 갈 수 있겠지만 그 이후에 어떻게 활용할 것인지는 고민이 되겠지요. 성인이 되어서도 영어 공부를 열심히 하는 사람들이 있어요. 토익을 잘 봐서 취업에 성공하는 게 목표인 사람도 있고, 실제 업무에서 영어를 활용하기 위해 노력하는 사람도 있겠지요.

업무를 위해 영어를 공부한다면 쓰기 실력은 필수적인 것 같아요. 모든 비즈니스는 계약서를 비롯하여 법률적인 문장에 근거하고 있고, 계약서가 아니더라도 주고받는 서신에 말하려는 바가 정확하게 전달되려면 고급 수준의 쓰기를 구사해야 하거든요.

저는 대학 입시 이후 새로운 과목을 공부하고 싶을 때에는 영어 원서를 찾아서 읽었어요. 제 경우에는 전공 공부를 위해서 경제, 철학 논문들을 많이 찾아봐야 했거든요. 이공계는 어떨지 모르겠지만 인문계 학생들은 보통 말과 글로 벌어먹는 직업을 갖잖아요. 그 역량을 잘 키우려면 단순히 교과서 한 권으로 그 과목을 공부했다고 말하기는 어려워요. 수많은 참고 서적을 찾고, 원서를 읽고, 공부한 내용에 대해 글을 쓰거나 토론하며 실력을 갖추어야 하지요. 혼자 할 수도 있겠지만, 그보다는 클럽 활동을 통해 마음 맞는 친구들과 함께하는 방법을 추천하고 싶어요.

저는 초등학교 때 2년이라는 시간을 해외에서 보냈지만 영어와 밀접한 국제학부에 오니 5년 이상 해외 생활을 하고 국제학교에서 실력을 다진 친구들이 많았어요. 진정한 실력자들 사이에서 살아남기 위해 고민도 많았지요. 영어원서를 읽고 토론하는 것은 그 친구들을 통해 배운 방법이에요. 그들이 쓰는 표현부터 하는 활동까지 자세히 관찰하고, 따라 할 수 있는 것들은 해 보려고 했어요.

많은 외부 활동에 참석하기도 했어요. 대학교 3학년 때는 하버드 모의 유엔 대회에 참가하여 우승을 했는데, 그 경험이 저의 영어 콤플렉스를 없애 주는 계기가 되었어요. 그 이후에도 꾸준히 시간을 투자해서 취업용 영어가 아닌 실무용 고급 영어를 자유자재로 쓰기 위해 노력하고 있습니다.

풍요로운 삶을 만드는
독서

책을 좋아하는 아들도 있고, 그 반대인 경우도 있다. 책을 좋아하는 아이는 유아 때부터 엄마의 목이 쉴 때까지 책을 들고 와서 읽어 달라고 조른다. 그리고 엄마가 책을 읽을 때면 끝까지 듣는다. 중간에 다른 생각을 할 수도 있겠지만 마지막 장이 넘어갈 때까지 가만히 집중하는 것처럼 보인다. 엄마 눈엔 그 모습이 반짝반짝 예뻐 보일 것이다.

책을 좋아하지 않는 아이는 책을 특별히 싫어한다기보다 다른 것에 관심이 더 많은 아이일 것이다. 엄마가 책을 읽는 동안에도 머릿속에 장난칠 생각이 가득하다. 다른 놀이를 하겠다고 졸라 대고 읽던 책을 덮거나 심지어 빼앗아 던지기도 한다. 그런 모습에 엄마는 굉장히 충격을 받는다. '책을 싫어하는 것도 모자라 던져 버리다니, 대체 얘를 어떻게 키워야 한단 말인가!' 하고 말이다.

아들이 독서에 흥미를 갖게 하는 방법은 의외로 간단하다. 대부분의 아들은 관심사가 몇 가지로 정해져 있다. 똥을 좋아했다가 자동차를 좋아했다가 로봇이나 공룡을 좋아하기도 한다. 좋아하는 주제가 확실한 아이들은 무서울 정도로 깊게 파고든다. 우주를 좋아하면 우주에 대한 온갖 지식을 모으고, 곤충을 좋아하면 곤충 박사 저리 가라 할 정도로 정보를 모은다. 아들의 독서는 무조건 그 관심 분야에서 출발하면 반은 성공이다.

여러 단체나 전문가들이 소개하는 추천 도서가 많다. 출판사에서도 다양한 방법으로 자신들이 내놓은 책의 장점을 홍보한다. 유명한 작가가 쓴 책도 있고, 전 세계인이 읽었다는 베스트셀러도 있다. 이름만 들어도 알아주는 큰 상을 받은 책도 있을 것이다. 그러나 아들에게 가장 훌륭한 책은 본인이 직접 고른 책이다.

내가 관심 있는 주제를, 내 눈으로 보고, 내가 직접 고른 책. 그런 책은 아들이 특별하게 여기고 애착과 자부심도 갖는다. 그래서 아들과 책방 나들이를 자주 가는 게 좋다.

서점은 그곳에 있는 것만으로도 아주 근사한 교육 장소가 된다. 물론 온라인으로도 손쉽게 구매하고 중고 거래로도 꽤 괜찮은 책을 간단하게 들일 수 있지만, 되도록 아들 손을 잡고 직접 서점에 가서 책을 사라고 권하고 싶다.

서점은 연령별, 주제별로 책이 잘 나열되어 있다. 눈에 띄는 신간 혹은 MD가 추천하는 도서들은 표지가 잘 보이도록 진열해 놓는다. 그 많은 책들의 표지만 살펴보는 데에도 시간이 훌쩍 지난다. 시간이 허락한다면 서가에 꽂혀 있는 책들도 꺼내 볼 수 있게 도와주면 좋겠다. 아이가 관심 있어 하는 주제와 관련된 도서가 어디 있는지 검색하고, 같이 찾아가서 얼마나 많은 종류의 책이 있는지 보고 고르는 것이다.

책 표지가 담고 있는 색깔, 서체, 그림과 이들이 어우러진 디자인, 책마다 각기 다른 크기와 제본 형태, 단단함과 무게감……. 어른들 눈에만 다채롭게 보이는 게 아니다. 아이의 눈에도 이 모든 것들은 큰 자극으로 다가온다. 책 안은 또 어떠한가. 똑같이 종이로 만들어졌지만 저마다 다른 이야기가 담긴 세계를 만나면서 아이의 감각은 예민하게 발달한다. 그 자극을 받아들이는 것만으로도 종합 교육이 된다.

다시 한번 말하지만 중요한 것은, 읽고 싶은 책을 아이가 직접 고르는 것이다. 선택의 재미를 알면 나중에 어른이 되어서도 좋은 선택을 할 수 있게 된다.

물론 엄마가 책을 골라서 사 주는 게 훨씬 속이 편할 수도 있다. 그러나 다 해 주기보다는 아들의 선택을 존중해 주자. 그렇게 아이는 책과 친해지고 책을 통해 자기 세계를 넓혀 가는 것이다.

자, 아이의 선택을 존중해 주는 데에서 끝나면 하수 엄마다. 고수 엄마라면 아이의 관심사를 확장시켜 줄 수 있어야 한다.

"그때 산 거랑 비슷한 공룡 책인데, 이건 사진이 아니라 그림으로 표현되어 있네? 뭐가 다른지 한번 같이 볼까?"

"공룡과 같은 시대에 살았던 동물과 식물 중에 지금도 볼 수 있는 게 있대. 궁금하지 않아? 이 책 같이 읽어 볼까?"

"티라노사우루스 접는 법이 들어 있는 종이접기 책이네? 같이 접어 보고 뒷장에 있는 다른 것도 만들어 볼까?"

아이의 선택을 시작으로 더 큰 호기심을 자극할 수 있어야 진짜 고수 엄마다. 비슷한 책도 골라 주고, 조금 더 난이도가 높은 내용도 소개시켜 준다. 과학에서 시작했더라도 그와 관련 있는 사회나 예술, 문화 쪽으로 확장할 수 있고, 인물 이야기로 연결시킬 수도 있다.

책을 읽는 것만큼 중요한 것은 읽은 후의 활동이다. 그런데 독후 활동에 너무 집착하다 보니 아이들에게 과도하게 아웃풋을 요구하는 경우가 있다.

"그래서 이걸 읽고 나서 네 생각은 어떤데?"

"우리 읽은 내용을 정리해서 한번 써 볼까?"

책을 읽을 때까지만 해도 재미있었는데 자꾸 뭔가를 하라고 시키니 아이들은 피곤해한다. 엄마의 과도한 열정에 그나마 좋아하던 독서마 저 멀어질까 봐 겁이 난다.

아이의 성향에 따라 다르겠지만 독후 활동은 단순하게 마무리하는 게 좋다. 내가 가장 자주 이용한 방법은 자랑하고 싶은 아들의 심리를 이용하는 것이었다.

"엄마는 그거 잘 모르는데, 책에 나와 있어? 나 좀 알려 줘."

'네가 똑바로 읽었는지 내가 확인할게.'가 아니라 반대로 '내가 잘 모르니 네가 좀 도와줘.'라고 말하는 것이다.

대부분의 남자아이들은 자기가 아는 것이 있으면 그걸 과시하며 뿌듯해하는 특징이 있다. 당연하다. 아직 겸손함의 미덕까지 배우지 못했을 테고, 하나하나 새롭게 배워 가는 지식이 스스로도 재미있고 신이 나는데 누구에게든 자랑하고 싶지 않겠는가. 엄마는 그걸 살짝 이용하면 된다. 아들은 설명을 하면서 책 내용도 정리하고, 엄마의 질문의 대답하기 위해 애를 쓰며 지식을 확장시킬 테니 말이다.

많은 아이들이 독해를 어려워한다. 페이지가 조금이라도 많아지고 텍스트가 길어지면 끝까지 한 권을 읽는 것도 힘이 든다. 앉아서 무언가를 하는 것보다 행동이 앞서는 나이다. 우리가 외국어를 배울 때 한 문장 한 문장의 뜻을 이해하려고 훈련을 하는 것처럼 본격적으로 독서를 접하는 아들에게도 나름의 훈련법이 필요하다.

독서의 정공법 중 하나는 소리 내어 읽는 것이다. 초등학교에 들어갈 즈음 되면 아이에게 책을 큰 소리로 읽도록 시켜 보자. 아직 한글이 익숙하지 않고, 읽는 것도 서투른 나이라 한 문장 읽는 데도 오래 걸리고, 목소리 톤도 일정하지 않아 처음엔 힘들 것이다. 그냥 엄마가 후딱 읽어 줘서 끝내고 싶은 마음이 들 수 있다. 그래도 포기하지 말고 아이가 한 글자 한 글자 정성껏 소리 내어 읽을 수 있게 도와주고 칭찬해 주자. 문장마다 끊어 읽고, 감정에 따라 목소리 톤을 다르게 읽으면서 독해 실력이 만들어진다.

낮은 연령대를 타깃으로 만든 책이더라도 기본적인 한자어는 어쩔 수 없이 들어간다. 우리말의 많은 어휘들이 한자로 이루어졌기 때문이다. 책을 읽다가 나오는 새로운 단어에 어떤 한자가 들어 있는지 알려 주고, 비슷하게 쓰이는 다른 말도 찾아 주면 좋겠다. 별생각 없이 일상생활에서 썼던 말들에 그런 숨은 뜻이 있다는 것을 알면 아이들도 굉장히 즐거워한다. 굳이 한자 급수 시험을 준비할 필요는 없지만, 한자어를 통해 어휘를 확장시켜 주는 것은 필수다. 어휘를 모르면 독해는 절대 늘지 않는다.

마지막으로 영화 같은 미디어도 적극 활용하라고 권하고 싶다. 문학 작품을 배우게 되거나 과거 시대를 배경으로 다룬 책을 읽었을 때, 시각적인 정보도 같이 제공하면 재미가 배가 된다. 같은 텍스트를 놓고 감독에 따라 전혀 다른 영상으로 제작하는 것을 비교해도 좋고, 시대에 따라 어떻게 이해도가 변화했는지 이야기해도 썩 괜찮은 공부가 될 것이다.

아들과 같은 책을 읽고 그 내용에 대해 즐겁게 대화하는 장면은 생각만 해도 행복하다. 독서 교육, 아이가 어릴 때에는 공부의 일환이겠지만 나중엔 나와 아이의 삶을 풍요롭고 행복하게 만들어 줄 지혜의 씨앗이 될 것이다.

Q. **독서가 중요하다고 생각하나요? 그렇다면 이유는?**

A. 공부와 인성을 이야기할 때 독서의 중요성에 대해 강조하곤 합니다. 저 역시도 독서가 중요한 역량의 발판이라고 생각해요. 책을 통해 얻을 수 있는 강점은 무수히 많지만 전 특별히 텍스트로 된 정보를 정확하게 이해하는 능력을 말하고 싶어요. 최근 문해력이 이슈가 되고 있습니다. 영상 세대인 지금의 어린이와 청소년이 이전 세대에 비해 글을 읽고 해석하는 능력이 떨어진다는 이야기입니다. 그 주장에 백 퍼센트 동의하는 것은 아니지만 '문해력'이라는 역량에 대해서는 한 번쯤 깊게 생각해 볼 필요가 있다고 봅니다.

글을 읽는다고 해서 모든 사람이 그 글에 담긴 의미를 파악하는 건 아니거든요. 많은 이들이 자신이 원래 갖고 있던 생각을 투영하며 글을 읽곤 하지요. 전혀 다른 메시지임에도 저자의 글과 본인 생각이 일부분 일치하면 그것에만 집중해 버리기도 합니다. 독서를 원래 갖고 있던 자기 생각을 정당화시키는 수단으로 사용하는 경우도 많습니다. 아무리 많은 책을 읽었다고 해도 그렇게 아전인수 격으로 해석해 버린다면 그것을 진정한 독서라고 말할 수 있을까요? 저는 아니라고 봅니다.

제가 생각하는 독서는 타인의 생각을 수용하는 과정입니다. 글쓴이가 어떤 메시지를 전달하고자 하는지를 적힌 텍스트를 근거로 파악하고 받아들이는 것이지요.

학교 시험을 준비하거나 실무에 필요한 정보를 얻을 때 주로 텍스트를 매개로 합니다. 눈으로는 텍스트를 쫓아가고 있지만 그 안에 담긴 정보를 제대로 이해하지 못한다면 학습 능력이나 업무 능력이 떨어질 수밖에 없겠지요. 특히 요즘 입시에서도 이 부분을 중요하게 생각하는 것 같아요. 공직적격성평가(PSAT, Public Service Aptitude Test)나 법학적성시험(LEET, Legal Education Eligibility Test), 수능 국어 영역에서도 문해력 측정 부분을 강조하는 추세라고 합니다.

Q. 브루스가 생각하는 좋은 독서법은?

A.　여러 매체에서 아주 다양한 독서법을 소개해 주고 있습니다. 저 같은 경우는 모티머 J. 애들러와 찰즈 밴도런이 쓴《독서의 기술(how to read a book)》이라는 책에서 큰 도움을 받았습니다. 미국의 청소년이나 대학생에게 기초 독서법을 알려 주는 데 손꼽히는 책인데요, 독서의 수준을 초급 독서, 점검 독서, 분석 독서로 나누고 책을 올바르게 비평하는 방법에 대해 심도 있게 다루고 있습니다. 문학 작품을 읽는 법이나 독서의 최종 목표에 대해서도 자세히 언급하고 있으니 일독을 권합니다. 그 책에 나와 있는 방법대로 실행해 보려고 노력을 많이 했습니다.

개인적으로는 영어와 비교적 친숙한 전공을 택한 덕에 영어로 쓰인 도서를 많이 읽을 수 있었습니다. 같은 내용이라도 어떤 언어로 접하느냐에 따라 받아들이는 정도가 달라진다는 것도 느낄 수 있었지요. 사람마다 목표가 있을 것입니다. 본인의 희망하는 일터에서 사용하는 언어로 쓰인 책을 접하라고 권하고 싶어요. 한국에서 법조인을 꿈꾼다면 당연히 우리말로 된 텍스트를 많이 접해야겠지요. 반면 해외에서 영어나 다른 언어로 일하고 싶다면 그 나라 언어로 된 책을 의도적으로 봤으면 좋겠습니다.

텍스트로 된 정보와 수식으로 된 정보를 이해하는 것은 전적으로 다릅니다. 숫자와 기호로 이루어진 수식이 객관화된 정보 표현이라면 텍스트는 그렇지 않지요. 단어의 의미도 쓴 사람과 읽는 사람이 일치시키지 못하는 경우가 많고, 문맥이나 뉘앙스를 통해서도 메시지가 갈립니다. 어법과 문법에 따라 논리가 완전히 달라지기도 하니 그에 맞는 훈련이 필요하다고 생각해요. 맥락을 파악하고, 형식을 넘어선 메시지를 알아내는 방식을 터득해야 하기 때문이지요. 그 훈련의 가장 좋은 방법이 독서라고 생각합니다.

독서의 효과를 제대로 보려면 단순한 내용 파악에서 한 발짝 더 나아갈 필요가 있습니다. 책을 읽은 후에 의도적으로 그 내용을 기억하려고 노력하는 거죠. 꾸준한 훈련으로 기억력이 향상될 수 있다고 봅니다. 저 또한 많이 노력한 부분이고요.
법조인처럼 엄청난 양의 정보를 기억해야 하는 일을 해야 할 수도 있습니다. 공직적격성평가(PSAT)처럼 짧은 시간 안에 많은 텍스트를 다루어야 하는 시험을 준비할 때도 기억력은 필수적이고요. 타고나는 부분도 있지만 꾸준한 연습으로 극복이 가능하다고 봅니다.

Q.   아들에게 어떻게 책을 읽힐까요?

A.   저나 주변의 경험으로 비추어 봤을 때 가정의 분위기가 큰 몫을 차지하는 것 같습니다. 일단 책이 편해야 되거든요. 집에서 부모님이나 다른 가족들이 휴식을 취할 때 자연스럽게 책을 보고, 집 곳곳에 책이 꽂혀 있는 환경을 삶의 한 부분으로 받아들이면 책을 친숙하게 생각하게 되지요.

제가 감명 깊게 읽은 많은 책의 작가들도 어린 시절을 회상하는 부분에서 공통적으로 책 이야기를 하고 있었습니다. 소설가나 시인뿐만 아니라 물리학, 사회과학의 저자들도 마찬가지였어요. 손이 닿는 곳에 카뮈의 작품이 있었다는 이야기, 집에 굴러다니던 책 한 권을 통해 깊이 있는 학문까지 관심을 갖게 됐다는 이야기는 숱하게 들었습니다. 결국 유년기에 어떤 환경에 노출되느냐가 한 사람의 인생에 영향을 끼친다고 볼 수 있겠지요.

저희 부모님도 책을 가까이하는 편이었습니다. 그런데 재밌게도 저는 책을 좋아하던 아이는 아니었어요. 그래도 어렸을 때 삽화가 많이 들어간 과학책이나 〈먼나라 이웃나라〉, 〈그리스 로마 신화〉 같은 학습만화 시리즈를 즐겨 보았던 기억이 나네요. 독서에 관심을 갖게 된 것은 성인이 된 이후였던 것 같습니다. 여러 시험을 준비하다 보니 독해력이 부족하다는 게 그렇게 불편할 수가 없었거든요. 시간 안에 빠르게 지문을 읽고 뜻을 파악해야 하는데 오래 걸리고 정확도도 떨어졌던 거죠. 그걸 극복하기 위해 책을 읽기 시작했어요. 열심히 읽다 보니 독서 자체에도 흥미가 생기고 독해력도 눈에 띄게 향상되었습니다. 우리 아이들도 인생의 뚜렷한 목적이 생기면 자기 스스로 독서의 방향이나 범위를 결정할 것이라고 생각합니다.

친할수록
이득인 수학

　엄마들 중에 "전 수학이 좋아요." "학교 다닐 때부터 수학을 잘했어요."라고 당당하게 말할 수 있는 사람이 얼마나 될까? 다들 앞다투어 '수포자'를 자처하기에 바쁘다. 수학 문제 풀이를 물어보는 아들에게 "몰라, 나도 수학은 못했어."라거나 "이런 거 안 해도 사는 데 지장 없어."라고 당당하게 말하는 엄마들도 있다. 물론 어느 정도 농담을 섞어서 하는 말이겠지만 자신이 공부할 때 겪었던 막연한 두려움과 피로 때문에 수학을 즐겁게 배울 수 있는 아이에게 괜한 편견을 심어 주는 것은 아닌지 걱정이 된다.

　많은 사람들에게 스트레스를 주던 과목이지만, 수학과 친해 본 사람은 이 학문이 가지고 있는 아름다움과 깊이에 감탄한다. 게다가 우리 아이들이 살아가야 할 세상은 통계가 지배하는 빅 데이터 시대다. 아이가 어디에서 무슨 일을 하든 그 분야에서의 마케팅은 필수적인데, 마케팅의 성패를 결정하는 두 가지는 심리와 통계다. 어떤 사람들이 어디서 어떻게 생활하고, 무엇을 구매하며, 구매를 결정짓는 요소는 무엇인지 심리를 분석함과 동시에 수치적으로 파악할 줄 알아야 한다는 말이다. 물론 연산과 같은 단순 작업들은 점점 더 기계가 사람을 대신하게 되겠지만, 수학적으로 사고하여 수치적으로 세상을 보는 눈은 미래 사회에 필수적이며 사람의 영역이다. 그것을 훈련하는 좋은 기회가 바로 수학 공부 아닐까?

아이에게 수 개념을 어떻게 알려 줘야 할지 고민인 엄마들이 많을 것이다. 나는 아들이 '네 거'와 '내 거'를 구분하기 시작할 때부터, 즉 소유의 개념을 알게 될 때부터 수학 공부를 시작해야 한다고 생각한다.

사탕을 나눠 갖고, 장난감을 나눠 가지면서 몇 개를 갖게 되는지 배우는 것이다. 막연하게 수와 숫자를 연결하는 것은 재미가 없다. 그러나 내 물건을 세는 것이면 아이도 신나고 재미있지 않겠는가. 무엇이 더 많고 적은지, 똑같이 가지려면 몇 개가 더 필요한지 호기심도 생기고 관심이 커질 것이다.

요즘은 현금을 잘 쓰지 않는 시대라 돈의 개념을 익히기 위해선 엄마의 노력이 조금 더 필요할 것 같다. 아이스크림 하나를 사더라도 카드로

결제하고, 밥값을 나누어 낼 때에도 스마트폰으로 처리하니, 예전처럼 아이가 동전 하나하나를 정성껏 모으거나 천 원짜리 지폐를 꼭 쥐고 엄마 심부름을 가는 모습은 보기 힘들어졌다.

가끔 명절이나 집안 행사로 가족이 모일 때 어른들에게 받는 용돈이 어쩌면 아이가 현금을 만지는 유일한 기회일지도 모른다. 우리 엄마들이 어렸을 때는 천 원, 5천 원짜리 지폐가 흔했지만 이제 물가도 달라졌고 돈의 액수도 바뀌었다. 만 원이나 5만 원처럼 큰돈이 아이 손에 쥐어진다. 아이가 돈을 밝히는 모습이 불편하거나 돈이 지저분하다는 이유로 엄마가 얼른 빼앗아 보관하기도 하는데, 아이가 찬찬히 돈을 관찰할 수 있게 기회를 주면 좋겠다. 지폐마다 색깔은 어떻게 다른지, 0은 몇 개씩 붙어 있는지, 어떤 게 더 큰 수인지 이야기를 나눠 보면 어떨까?

외국 여행을 할 기회가 있다면 환율 개념도 자연스럽게 알려 줄 수 있다. 한국 돈과 외국 돈이 어떻게 다르고, 이 외국 돈 한 장은 한국 돈 얼마와 같은 값인지도 배우는 것이다. 외국의 경우엔 여전히 현금을 주로 쓰는 나라도 많다. 동전 몇 개가 모여서 큰 단위의 돈이 되는지, 이 정도 돈이면 무엇을 살 수 있는지 배울 수 있을 것이다. 앞으로 아이와 해외에 나가게 되면 돈을 만지고 계산할 수 있는 기회를 줘 보면 어떨까?

아이와 함께 장보기는 아주 좋은 수학 공부의 장이다. 장보기를 지루해하는 아이에게 휴대폰을 쥐어 주지 말고 물건을 고르고 비교하는 일에 참여하게 해 보자. 어느 정도 숫자를 읽을 수 있는 나이가 되고, 엄마가 옆에서 조금만 이야기해 준다면 카트에 넣는 물건들이 얼마인지 금방 파악할 수 있다. 시금치는 한 단에 얼마이고 젤리는 한 봉지에 얼마인지, 마트에 있는 물건들이 어떤 단위로 포장되어 있고, 각각 어떤 가치를 가지고 있는지 엄마와 이야기를 나누는 것이다.

또 결제 후 받은 영수증을 같이 확인해 보는 것도 좋은 수학 공부가 된다. 우리가 산 물건들의 이름이 주르륵 적혀 있고, 가격과 개수가 포함되어 있으니 아이 눈엔 신기하게 보일 것이다. 집에서 아이와 영수증 만들기 놀이를 해 봐도 재미있지 않을까?

수학 공부를 시킨다고 하면 일단 책상에 앉아 학습지부터 펴는 경우가 많다. 연필과 지우개를 두고 20+35는 뭔지 2×4는 무엇인지 연산 훈련을 시키는 게 수학 공부의 전부로 생각할 수도 있겠지만 실상은 그렇지 않다. 숫자와 친해지고 단위와 친해지고, 천 원과 5백 원의 가치를 감각적으로 구별할 수 있는 것부터가 진짜 수학 공부가 아닐까? 그렇게 아이는 방대한 수의 세계에 친밀감 있게 접근하는 것이다.

수학은 '숫자'로만 이루어지지 않는다. 많은 용어와 개념들이 존재하는데, 준비되지 않은 상태에서 이러한 낯선 어휘를 만나면 당황할 수 있다. 또 그것을 풀이한 문장이 이해되지 않으면 의기소침해질 수도 있다. 수학 개념의 이해를 돕는 괜찮은 책들이 많으니 활용하면 좋겠다.

특히 수학 동화는 스토리텔링을 이용해서 기초 개념들을 알려 준다. 시중에 다양한 도서가 판매되고 있고, 출판사에 따라 그림이나 이야기 방식 등의 차이가 있으니 엄마가 미리 읽어 보고 아이에게 잘 맞는 것을 선택하면 좋을 것이다.

꼭 수학 동화가 아니더라도 생활 속에서 단순한 대화로 어려운 수학 개념을 알려 줄 수 있다. 어림값이라거나 단위 등은 엄마와 이야기하며 충분히 배울 수 있는 내용이다. 길이나 무게의 측정은 초등 수학에서 중요하게 다루는 부분이다. 아이의 키가 1미터 정도 되면 자기 키를 기준으로 주변 사물이 얼마나 높은지, 얼마나 긴지 생각할 수 있게 도와주면 좋겠다.

요리할 때 쓰는 작은 전자저울은 좋은 교재가 된다. 집에 체중계 말고 작은 저울 하나쯤은 구비해 두길 추천한다. 값도 비싸지 않고 쉽게 구할 수 있다. 그 위에 우리가 자주 먹는 물 한 컵의 무게도 재고, 클립이나 자석의 무게도 잰다. 물을 얼리면 무게가 달라지는지, 뜨거운 물은 또 어떤지 과학 실험도 해 볼 수 있을 것이다.

고기나 채소를 살 때 1인분에 몇 그램을 사야 하는지, 몇 킬로그램을 사야 하는지 어른이 되어서도 잘 모르는 사람들이 많다. 이런 단위 개념은 살아가는 데 꼭 필요한 센스다. 수학은 잘 알고 있을수록 이익이 많다.

수학에 대한 관심, 돈에 대한 관심을 타고난 아이들이 있다. 반면 욕심도 없고 관심도 없는 아이들도 있다. 나는 최소한 우리 아이들이 숫자에 둔하여 손해를 보는 일은 없었으면 좋겠다고 생각했다. 그래서였을까. 어려서부터 집 안 물건들의 가격을 참 많이 알려 주었던 것 같다. 지금도 새것을 장만하면 열심히 알려 준다.

텔레비전은 얼마짜리고 다이슨 드라이기는 얼마나 하며, 너의 급여에서 이걸 사고 나면 얼마 정도가 남을지, 그리고 집은 얼마짜리인지 말이다.

비록 엄마가 수학과 담쌓은 수포자라 할지라도 아들은 숫자에 강한 사람으로 키워야 한다. 큰돈을 마주했을 때도 천 단위로 끊어서 빠르게 이해하고, 조나 억 같은 큰 숫자도 한 덩어리로 구분하여 파악할 줄 알아야 하지 않겠는가. 또한 수익과 비용의 차이를 계산해서 나에게 가장 큰 이익을 챙길 줄도 알아야 한다. 수학은 학문이며 일상이다. 어려서부터 돈과 숫자와 친해지는 것. 그것이 수학 공부의 기본이다.

안목을 높여 주는
예술

음악을 즐기는 기쁨

"코치님, 만약 지금 다시 아이를 키운다면 꼭 가르치고 싶은 교육이
있나요?"

요즘 종종 받는 질문이다. 사실 한 번 사는 삶, 지나간 일에 후회를 남
기는 타입은 아니다. 당차게 그런 건 없다고 말하고 싶지만, 자식 일만
큼은 어쩔 수 없이 아쉬움이 남나 보다. 가끔 혼자 조용히 앉아 차 한잔
마시는 시간이면 나도 모르게 타임머신을 타고 과거로 향하는 상상을
하곤 한다.

다시 아이들이 유년기로 돌아가고, 나도 예전처럼 자녀 교육에 집중

하던 시기로 돌아갈 수 있다면 어떤 일을 할까? 아마도 그것은 '악기 교육'일 거다.

사실 아들은 초등학교 고학년 때 클라리넷을 배웠다. 그 당시는 캐나다 유학 중이었는데, 외국인 선생님에게 악기를 배웠다. 한국과 다르게 캐나다의 악기 교육은 정말 천천히 진도를 나갔고, 2년 동안 소리만 내다가 끝이 난 것 같다. 물론 초등학교 저학년 때는 피아노도 배웠다. 아들은 예술적 재능이 있어 음악, 미술 둘 다 잘하는 편이었지만 한 번도 전공으로 해야겠다는 마음은 없었다. 예술은 타고난 능력이 절대적이라고 생각했기 때문이다.

딸은 다섯 살 무렵 바이올린을 시작했다. 2년 정도 배웠는데 바이올린은 정말 제대로 소리 내는 것부터 힘든 악기였다. 이렇게 힘든 악기를 왜 배워야 하는지 고민 또 고민했다. 일주일에 두 번 정도 선생님이 집으로 방문했는데 30분간 삐삐 소리를 내는 게 다였다. 나는 악기에 문외한이어서 아이가 연습을 하는 중에 바이올린 줄이라도 끊어지면 난감했다. 아마 내가 악기를 잘 다루었더라면 우리 아이들의 악기 교육이 더 지속되었을지도 모르겠다.

그렇다고 가정에서 음악 교육이 사라진 건 아니다. 연주는 포기하고 감상의 단계로 넘어갔으니까. 아이들 방에 CD 플레이어를 놓아 주었고, 거실 한쪽에는 수백 장의 음악 CD를 진열하였다. 마음껏 음악을 들을 수 있는 환경을 만든 것이다. 가족 모두가 음악을 사랑하고 음악을 즐기는 삶을 누리기를 바라는 마음이었다.

아, 살짝 아쉬움이 남는다. 다 자란 아이들이 친구들과 함께 시간을 보내거나 마음이 지치고 힘든 순간에 한두 곡 정도 음악을 연주하며 기쁨과 위안을 찾는다면 얼마나 좋을까? 음악이 가져다주는 삶의 풍요는 말로 표현할 수 없을 정도일 테니 말이다.

내가 아는 어떤 아들 엄마는 집 안에 잔잔한 클래식이 배경음악처럼 흐르도록 라디오의 클래식 채널을 틀어 놓았다고 한다. 아이는 자기도 모르게 음악의 운율과 리듬에 익숙해졌고, 나중에 피아노를 배울 때에도 들어 본 노래라며 쉽게 흥얼거렸단다.

한편 에너지가 많은 아들에게 난타를 가르치는 집도 있다. 정적인 악기 수업이라면 못 참았을 아이가 신나게 두드리며 스트레스도 풀고 음악의 즐거움도 알았다고 하니, 아이를 관찰하고 그에 맞는 교육을 적절히 시킨 예가 아닌가 싶다.

아이가 접할 수 있는 음악 교육은 무궁무진하다. 창의력 수업과 음악을 연결하는 교육자도 있고, 그림책과 연주를 접목하여 새로운 예술 교육을 시도하는 곳도 있다. 목청 좋은 아이에게 동요 레슨을 시키는 집도 많다.

어린이 뮤지컬이나 어린이를 위한 국악 공연 등을 함께 보러 다니면 공연 문화를 경험하는 기쁨은 물론 엄마와의 추억도 남을 것이다. 나는 아이들과 공연을 보러 갈 때마다 소소한 기념품을 사기 위해 아트숍에 들르곤 했다. '이거 그때 엄마랑 같이 가서 산 건데.' '그날 공연 보고 나와서 돈가스 맛있게 먹었는데.' 시간이 지나서도 함께 추억을 떠올리며 이야기꽃을 피울 수 있었다. 길을 걷다가 우연히 그날 들었던 멜로디를 듣게 되면 행복했던 기억 속으로 시간 여행을 떠날 때도 있다.

나영석 감독의 예능 프로그램을 좋아하는데, 그 이유 중 하나가 음악이다. 화면에 조용히 깔리는 배경음악의 선택이 어찌나 탁월한지, 평범했던 장면이 색다르게 보이고 덩달아 힐링하는 느낌이 든다.

중학교 1학년은 자유학년제로 중간, 기말고사 등 지필고사가 없는 대신 이 기간 동안 많은 발표를 하고 자료를 만든다. 이때 밋밋하게 발표 내용만 넣는 아이가 있는가 하면 멋진 자막과 함께 그럴싸한 배경음악을 선택해서 보는 이의 마음까지 즐겁게 만드는 아이도 있다. 누가 더 좋은 점수를 받을지는 말하지 않아도 알 것이다. 표현 또한 그 아이의 실력이기 때문이다.

시대에 따라 유행하는 음악도 다르고, 듣는 이에 따라 좋아하는 장르도 다르다. 우리 아들이 좋아하는 힙합을 들으면 세상이 참 많이 달라졌다는 걸 느낀다. 여전히 나에게는 낯선 것이 사실이지만 아티스트들이 꾹꾹 눌러 담은 진심 어린 가사를 접할 때면 과거에 음유시인이라 불렸던 이들이 지금은 힙합을 하는 게 아닐까 싶다.

또 LP 음반을 모으는 딸아이 덕분에 올드 팝송을 들을 때도 있다. 방문을 닫고 딸과 함께 앉아 크게 노래를 틀어 놓으면, 마치 우주 안에 우리 둘이 존재하고 공감하는 느낌이다. 시간과 공간을 초월하여 음악이라는 예술이 우리 삶에 주는 행복과 풍요에 다시금 감동하곤 한다.

아름다움을 알아보는 눈, 미술

그림 실력은 어느 정도 타고나야 하는 면이 있다. 안타깝게도 나에겐 그런 재능이 없다. 만약 다시 태어난다면 갖고 싶은 역량이 두 가지 있는데, 하나는 영어고 다른 하나가 미술이다.

여행 중에 멋진 풍경을 보았을 때, 대부분의 사람들은 휴대폰을 꺼내 사진 찍기에 바쁘다. 그런데 그 사이에서 작은 스케치북을 꺼내 자신만의 시선으로 슥슥 드로잉을 하는 사람도 있다. 그의 시선과 손끝을 거친 풍경은 그만의 특별한 세계가 된다. 멋지지 않은가. 대단한 작품이든 아마추어 수준이든 상관없다. 그 어떤 고가의 렌즈가 그보다 더 지금의 감동을 잘 표현할 수 있을까? 눈앞에 보이는 세계를 진심으로 즐기는 것만으로도 예술이라 부를 수 있을 것 같다.

정말 다행스럽게도 아들은 어려서부터 따로 배우지 않아도 그림을 곧잘 그렸다. 자기가 생각한 이미지를 거침없이 표현하는 아들을 보면 부러울 때가 많았다. 아들은 지금도 취미로 가끔 그림을 그린다. 요즘은 남는 시간에 태블릿 피시를 이용해서 드로잉을 하기도 하는데 참 좋아 보인다. 자기 삶을 즐길 줄 아는 그만의 방법이 있다는 게 다행스럽고 감사하다.

아들의 미술 교육은 어떤 방식으로 해야 할까? 미술을 학교 과목이나 기술로 접근할 수도 있지만 우리 아이들에게 진짜 필요한 것은 그런 게 아니다. 그림을 보는 안목과 즐기는 방법, 이미지를 표현하고 해석할 줄 아는 감각. 아들에게 꼭 필요하고, 엄마들이 정말 알려 주고 싶은 건 그런 게 아닐까?

아이가 성인이 되어 휴일을 즐기는 모습을 생각해 보자. 좋은 전시를 알아보고 열심히 번 돈으로 티켓을 구매해서 미술관에 가는 남자, 그림을 감상하고 도록을 구입하는 것이 어색하지 않은 남자, 블록버스터 영화의 개봉일만 챙기지 않고 국내외 좋은 작가들의 전시도 누릴 줄 아는 남자. 엄마들이 바라는 아들의 미래는 이런 모습일 것이다. 그러려면 문화적인 접근이 필요하다. 미술 교육은 환경이며 습관이다.

미술 교육을 선 잘 긋는 방법, 색 잘 쓰는 방법 같은 기술이 아닌 삶의 한 영역으로 접근하면 좋겠다. 가장 추천하는 것은 아이가 어릴 때부터 미술관에 데려가는 것이다. 아이가 엄마에게 먼저 미술관에 가자고 하는 일은 거의 없을 테고, 다 큰 아이를 어느 날 갑자기 억지로 끌고 간다고 아이가 반기지도 않을 것이다. 유아 때부터 차근차근 경험을 쌓는 게 중요하다.

나 같은 경우는 아이가 제대로 걸음마를 하기도 전부터 미술관 나들이를 다녔다. 육아에 지칠 때 유모차에 아이를 태우고 전시회장으로 갔던 것이다. 몸도 마음도 고달팠던 시절, 미술관의 고요함과 아름다운 작품에 많은 위로를 받기도 했다. 아이는 가끔 큰 소리를 내서 날 당황시키기도 했지만 대부분은 편안하게 그 시간과 공간에 머물러 주었다.

요즘엔 아이들과 즐길 수 있는 체험형 전시가 많다. 엄숙하고 진지하기만 했던 미술관의 풍경도 많이 변한 것이다. 작품을 만져 보거나 사진을 찍는 것도 허용되고, 네모난 프레임 안에서 벗어나 디지털을 이용해 공간 전체를 이미지화하는 작품도 있으니 지루할 틈이 없다. 되도록 자주 아이와 미술관 나들이를 가면 어떨까? 색채와 형태, 거기에서 오는 풍요로운 감정을 느끼고 그것을 표현하게 도와주면 좋겠다.

어린이를 대상으로 한 도슨트 프로그램도 찾아보면 괜찮은 것들이 많다. 미리 알아보고 시간에 맞춰 예약하면 열 명 남짓의 어린이들을 한 팀으로 전문가가 작품을 해설해 준다. 감상이 끝나면 체험 활동으로도 연결해 주니 추천할 만하다. 아이가 교육을 받는 동안 미술관 카페에서 커피 한잔을 여유롭게 즐기는 것도 엄마의 낙일 것이다.

초등 저학년이 되면 미술 학원에 많이 보낸다. 미술 학원에서 가르치는 것도 시대에 따라 많이 달라졌다. 우리가 어렸을 땐 선을 반듯하게 긋고 테두리 안에 색칠하는 방법을 가르쳤지만 지금은 다르다. STEAM(융합 인재 교육) 방식을 택하는 곳이 많다. 책을 읽거나 음악을 들으며 하나의 주제에 대해 생각한 뒤 다양하고 자유로운 재료로 그 주제를 표현할 수 있게 도와주는 것이다. 남자아이를 전문으로 하는 미술 학원도 있다. 넘치는 에너지를 주체하지 못해 얌전히 앉아서 그림 그리기를 힘들어하는 아들을 타깃으로 한 학원이다. 칼이나 글루건처럼 평소에는 쉽게 다룰 수 없는 재료들을 안전하게 사용할 수 있게 지원해 주고 창작의 재미를 알려 준다고 한다.

그러고 보면 많은 남자아이들이 그리는 것보다 만드는 것을 좋아하는 것 같다. 아이의 창의력은 키워 주고 싶은데 학원 다닐 여력이 안 되어 고민이라면 집 안에 아이가 원할 때마다 무엇이든 만들 수 있는 환경을 갖춰 주면 어떨까? 나는 엄마들에게 미용실에서 쓰는 작은 트롤리를 하나 사다 놓으라고 권한다. 아니면 그냥 빈 서랍 몇 개라도 좋다. 그 안에 미술 재료를 넣어 놓는 것이다. 다 먹은 요구르트 병이나 휴지 심, 나무젓가락도 미술 재료가 된다. 도구는 다양하면 좋겠다. 스케치북의 크기도 여러 가지고 색종이의 종류도 생각보다 많다. 펜도 색이나 질감이 다양하다. 물론 전문가 수준의 비싼 도구를 사 줄 필요는 없다. 그러나 커다란 화방이나 서점에서 다양한 미술 도구를 접하고 구매하는 경험은 참 중요하다. 각 도구마다 표현이 달라진다는 것을 배울 수 있기 때문이다. 표현이 달라지면 생각도 달라진다.

그런 것들을 싹 넣을 수 있는 수납장과 네모반듯한 넓은 테이블. 그럼 모든 준비는 끝났다. 아이는 신나게 오리고 붙이고 하며 자신의 세계를 만들어 나갈 것이다. 집이 좀 더러워지겠지만 물건마다 자리를 정해 놓으면 청소 스트레스를 줄일 수 있다.

아이들은 유치원이나 학교에서 만든 작품들을 곧잘 들고 오는데 아이의 눈치가 보여 함부로 버릴 수도 없는 노릇이다. 조금만 신경 써서 잘 전시해 주면 우리 집이 갤러리가 된다. 이왕이면 예쁘게 액자에 넣어 주고 작가(아이) 이름을 써 주는 것도 좋다. 자라는 동안 작품을 바꿔 가면서 전시해 주면 아이의 어깨가 으쓱할 것이다.

집 안에 예쁜 그림이 있으면 보는 눈도 달라진다. 유명 작가의 작품을 사서 집에 소장하는 게 사치스러운 귀족 문화처럼 보일 수도 있을 것이다. 그러나 군이 비싼 돈을 내지 않아도 예술을 향유할 수 있는 방법은 많다. 미술관 관람을 마치면 아트숍에 들리게 마련이다. 함께 보았던 그림을 포스터나 엽서로 판매하는데 몇 개 사서 아이 방문에 붙여 주면 어떨까? 그 작가의 그림이 내 방 안에 있다는 것은 그 작품이 내 마음 안에 들어오는 것과 같으니 말이다.

예술을 좋아하는 아이는 심심하지 않다. 혼자 있는 시간이 지루하다며 엄마를 괴롭히지 않는다. 여행을 가도 보이는 것이 많다. 외국에서 성당과 미술관만 다니기에도 시간이 부족할 지경이다. 엄마의 재능이나 비용을 따지지 말고 작은 것부터 하나하나 아이와 함께 해 보자. 아들에게 미술과 함께하는 삶을 알려 주는 것은 인생의 황홀함을 선물하는 것이다.

3부

명품 아들의 완성

8장

- - - - - -

★
★

디테일이
명품을 만든다

돈의 소중함을 아는
남자로

우리나라에서는 노동의 신성함은 중요시되는 반면 그 대가인 돈 이야기를 하는 것을 터부시하는 경향이 있었던 것 같다. 실제로 돈을 싫어하는 사람은 없겠지만 그것을 대놓고 드러내는 것은 좀 부담스러워한다고 해야 할까. 그러다 보니 부자가 된 사람들을 얕보거나 돈을 밝히는 이들을 경시하기도 했다. 유독 셈이 빠르고 돈을 좋아하는 아이도 영악하다는 소리를 듣기 십상이었다.

그러나 시대가 지나면서 우리 사회도 많이 달라졌고, 어려서부터 제대로 정립된 건강하고 올바른 경제관념이 얼마나 중요한지 깨달은 사람도 많아졌다. 특히 부모 세대에 어느 정도 부를 획득한 경우에는 재산뿐 아니라 부의 가치와 태도를 물려주고 싶어 하는 경우도 많다. 어린이를 대상으로 한 경제 교육서나 프로그램도 예전에 비해 많아졌다.

아동기는 경제를 교육하기 참 애매한 시기다. 경제 활동의 중심은 생산과 소비인데 이 시기엔 생산보다는 소비에 대한 개념밖에 없다. 돈을 버는 시기가 아니라 쓰는 시기이기 때문이다.

집안일을 하고 용돈을 받는 아이들도 있겠지만 엄밀히 말해 그것을 생산 활동이라고 일컫기는 어렵다. 식사 후 상을 닦으면 천 원, 설거지를 도우면 2천 원씩 받는 식이다. 경제 교육을 위해 아이들에게 생산 활동을 시키라고 이야기하는 전문가들도 있지만 나는 무엇이든 자연스러운 것이 좋다고 생각한다. 우리 정서나 상황에 맞지 않는 규칙을 무리해서 가르칠 필요는 없지 않을까? 그러나 소비에 대해서만큼은 분명하고 구체적으로 알려 주면 좋겠다.

아동기의 소비는 두 종류로 나뉜다. 첫째는 아이가 대가를 지불하여 스스로 소비하는 것, 두 번째는 부모가 대신 대가를 지불하고 아이가 소비하는 것이다. 용돈을 모아서 장난감을 샀다면 첫 번째에 해당한다. 두 번째의 대표적인 예는 교육비다. 아이의 학원비는 부모가 치르지만 그 교육을 직접 받는 건 아이다.

첫 번째 경우는 체감이 쉽다. 내가 모아 둔 용돈 5만 원으로 갖고 싶은 물건을 샀다. 나의 돈은 사라졌고, 그와 동일한 가치를 가진 물건이 생겼다. 돈이 소중했다면 그 물건 또한 소중할 것이다.

그러나 두 번째는 아이가 느끼기 어려운 경우다. 엄마는 분명히 매달 15만 원의 학원비를 결제했지만, 아이는 자기 돈이 사라진 게 아니기 때문에 와닿지 않는다. 한 달 15만 원으로 얻게 된 교육의 기회가 그다지 소중하지 않을 수도 있다. 교육비에 대한 이야기를 아이와 구체적인 방법으로 꼭 나누면 좋겠다. 돈의 사용 방법에 대한 시야가 열리는 기회가 될 수도 있다.

돈이라는 것은 벌 수도 있고, 모을 수도 있으며, 쓸 수도 있다. 이것이 경제의 기본 원리다. 아동의 경우 돈을 벌 수는 없지만 얻는 것은 가능한데 이 차이점에 대해서도 꼭 알려 주면 좋겠다. 나의 노동력과 시간, 수고가 들어가는 경제 활동을 우린 흔히 '돈을 번다'고 말한다. 아이들이 받는 용돈은 누군가가 거저 주는 것이다.

방법이 어찌 되었든 돈이 들어왔을 때, 행동을 취하는 방식은 아이마다 제각각이다. 크게는 모으는 아이와 모으지 않는 아이로 나뉜다.

모으는 아이는 다행히 어느 정도의 경제 개념이 있다. 돈을 좋아하고 소중하게 생각하며, 내 손안에 들어온 것은 나의 것이라고 생각한다. 저금통에 넣기도 하고, 은행에 가서 통장에 저금하기도 한다. 적은 돈이라도 조금씩 자산이 늘어나는 것을 보며 희열을 느낄 줄도 안다. 9천 원에 천 원을 더하면 만 원이 된다는 간단한 셈 정도는 머릿속으로 쉽게 끝내는 건 기본이다.

반대로 돈에 관심이 없는 아이도 있다. 방금 받은 지폐를 어디에 버려 두었는지 모른다. 지나간 자리에는 동전이 굴러다닌다. 순수하고 해맑다고 칭찬할 일이 아니다. 나는 부모가 중요한 부분의 교육을 놓쳤다고 지적하고 싶다.

돈은 그 액수가 얼마가 되었든 소중히 다룰 줄 알아야 한다. 부모부터 돈을 소중하게 여기고, 작은 소비도 고민하는 모습을 보여 주면 어떨까? 돈은 필요한 곳에 잘 쓰일 때 의미가 있다. 돈의 가치를 깨닫고 바람직한 모습으로 사랑할 수 있도록 알려 주어야 한다. 다음 장에서는 그런 기본적인 경제 교육을 할 수 있는 몇 가지 팁을 소개하고자 한다.

아들의 미래 자본금을
준비하라

아직 어리고 철없어 보이는 아들. 그러나 어느 순간 어엿한 남자로 자라나 큰일을 준비할 순간이 올 것이다. 공부를 위해 더 큰 세상으로 갈 수도 있고, 창업을 하고 싶어 할 수도 있다. 물론 결혼을 앞두고 목돈이 필요한 상황도 발생할 것이다.

지혜로운 부모는 미래를 준비하는 법이다. 꼭 필요한 그 순간을 대비하기 위해 아이가 어렸을 때부터 미리 종잣돈을 만들어 두면 어떨까? 아이와 함께 차근차근 돈을 모으다 보면 경제 교육도 저절로 이루어질 것이다.

통장 만들기

아이가 태어난 뒤 출생신고를 하면 주민등록번호가 발급된다. 얼마 전까지만 해도 배 속에서 꼬물거리던 태아가 당당하게 대한민국 국민으로 인정받았다는 사실이 새삼 신기하고 감격스럽게 느껴지는 순간이다. 그리고 중요한 것은 그때부터 엄연히 아이 이름으로 된 통장 또한 만들어 줄 수 있다.

본인이 직접 개설하는 계좌가 아닌 대리인이 만드는 통장이므로 몇 가지 서류가 필요하다. 아이의 이름과 주민등록번호가 적힌 기본증명서, 가족관계증명서 그리고 부모의 신분증과 아이 도장 등이다. 빠짐없이 챙겨서 은행에 방문하면 미성년자 자녀를 대신하여 부모가 은행 계좌를 만들어 줄 수 있다. 드디어 아이 이름으로 된 첫 통장이 생기는 것이다.

출생 소식이 들리면 여기저기에서 선물이 들어오고 현금도 들어온다. 아기를 낳은 엄마더러 수고했다며 돈을 보내 주기도 하고, 조리원비에 보태라며 목돈을 주시는 어른들도 있다. 단순한 축하의 의미로도 꽤 많은 돈을 받는다. 사실 아이가 태어나면 이리저리 돈 나갈 곳도 많고, 흐지부지 쓰다 보면 아무리 큰돈이라도 눈 깜짝할 사이에 사라져 버리곤 한다.

엄마 앞으로 들어온 돈은 당당하게 쓰되 아이를 위한 돈은 반드시 아이의 계좌로 입금을 해 주자. 통장의 입금처에 누가 준 돈인지 표기하는 것도 중요하다. 이모할머니가 보낸 돈, 고모가 준 돈, 멀리서 둘째 삼촌이 챙겨 준 돈 등등. 아이가 자라면 같이 통장을 펼쳐 보며 친척들에게 받은 선물에 대해 이야기하는 시간을 가질 수 있다.

명절을 제외하면 얼굴 보기도 어려운 사이지만, 아이가 태어날 무렵에는 모두 한마음으로 새 생명의 탄생을 축하했을 것이다. 아이는 정성스럽게 마음을 보내 주신 어른들께 감사할 것이고, 자기가 이만큼 축복받은 존재라는 사실에 자존감도 높아질 것이다.

통장 만들기는 꽤 간단한 일인데 의외로 선뜻 행동으로 옮기기가 쉽지 않다. 어려서부터 통장과 친해지고 불어나는 숫자를 보며 기뻐하는 것은 아주 중요한 교육이다.

아이의 서랍 안에 있어야 할 세 가지

큰돈도 중요하지만 푼돈도 중요하다. 동전의 가치는 예전보다 더 떨어진 상황이다. 집집마다 서랍에 동전이 굴러다니기도 하고, 주머니에서 한두 개씩 나오기도 한다. 간혹 가구의 수평이 맞지 않는다고 동전으로 괴는 집도 있다. 하지만 나는 교육상 그런 모습은 별로 좋지 않다고 생각한다.

아무리 작은 동전도 필요할 때 없으면 그렇게 불편할 수가 없다. 5백 원을 써야 하는데 바꿀 곳이 없어 진땀을 흘릴 때도 많지 않은가. 그리고 액수가 어찌 됐든 돈이 아닌가. 동전은 그 자체로는 작지만 모아서 지폐로 바꿀 수 있다. 이제부터라도 아무렇게나 뒹구는 동전을 모을 수 있는 통을 하나 마련하자. 부모부터 한 닢, 한 닢 모으는 모습을 보여 주면 아이도 자연스럽게 따라 할 것이다.

동전이 어느 정도 쌓이면 아이와 함께 동전을 들고 은행에 가서 지폐로 바꾸는 경험을 해 보자. 요즘은 모든 은행에서 동전을 바꿔 주는 업무를 하는 것은 아니니 가능 여부를 지점에 알아볼 필요가 있다. 보잘것없어 보이는 작은 돈이 큰돈으로 바뀌는 과정을 관찰하는 경험은 생각보다 중요하다.

아이의 서랍에도 동전을 모을 수 있는 작은 저금통을 마련해 주면 어떨까? 심부름 하고 남은 잔돈이나 용돈으로 받은 돈들을 하나하나 모을 수 있도록 말이다.

실제로 아이들이 받는 용돈은 이제 동전보다는 지폐가 더 많을 것이다. 그런데 저금통 안에 지폐를 꼬깃꼬깃 넣어서 같이 보관하는 경우가 많다. 동전과 섞여서 돈이 상하기도 하고 꺼내기도 쉽지 않다. 지폐는 지폐만의 보관법이 따로 있다.

돈을 접거나 구기지 않고 빳빳하게 잘 관리해서 넣을 수 있게 장지갑을 하나 마련해 주자. 장지갑은 비싼 것을 살 필요가 없다. 비닐이나 종이 재질도 괜찮고, 패키지여행 갈 때 나눠 주는 지폐 보관 파우치도 괜찮다. 그 안에 지폐를 차곡차곡 한 방향으로 모아서 조심스럽게 넣는 방법을 가르쳐 주면 좋겠다.

자, 이제 아이의 서랍엔 동전을 담는 저금통과 지폐를 담을 장지갑이 자리했을 것이다. 아이의 서랍에 두어야 할 나머지 하나는 통장과 도장이다.

앞에서 아이가 태어나면 통장을 만들어 주라고 이야기했다. 통장을 만들려면 도장이 필요한데 이왕 만들 거 도장은 좋은 것으로 파 주자. 탄생석이나 사주와 관련된 것도 좋고, 의미를 부여할 수 있는 물건이면 좋겠다. 인사동에서도 근사한 도장을 만들 수 있고, 요즘은 인터넷에서도 쉽게 주문할 수 있다. 통장과 도장을 잘 모아서 괜찮은 파우치에 넣어 두면 서랍 안에서 흩어지거나 돌아다닐 염려가 없다.

어린이 경제 교육에 대해 많이들 이야기한다. 직접 노동을 시키고 돈을 모으게 하라고도 하고, 어릴 때부터 주식을 사 두라고도 한다. 그때그때 유행을 따르는 교육법도 있고, 외국 책에서 들어온 내용이라 우리나라에 적용하기 어려운 것들도 많다. 우리나라 아이들이 유명한 경제 교육서에 나오는 것처럼 직접 레모네이드를 만들어 장사를 하는 것은 불가능하지 않겠는가.

나는 서랍 안에 세 가지 물건을 준비해 주고, 그 의미와 가치를 설명하는 데에서부터 진짜 경제 교육이 시작된다고 말하고 싶다. 동전을 모으는 저금통, 지폐를 넣어 두는 장지갑 그리고 통장과 도장을 넣을 수 있는 파우치. 서랍을 열 때마다 확인하고 잘 정리하고 소중히 여길 수 있게 하자.

진짜 부자들은 돈을 대하는 태도가 다르다. 큰돈을 안겨 주는 것보다 그 태도를 가르쳐 주는 게 더 중요한 교육이 아닐까?

생일 선물은 금으로

금은 과거에 화폐의 역할을 했다. 도시와 상업의 발달로 금융이 활기를 띤 르네상스 무렵, 상인들은 물건값을 금화로 주고받았다. 금은 먼 곳까지 이동하기에 너무 무겁고, 중간에 도둑맞기도 쉬웠다. 그래서 금은 은행에 보관하고 금을 대신할 간단한 종이 서류로 거래를 대신한 것이 오늘날의 지폐라고 한다. 물론 세월이 지남에 따라 돈의 형태는 다양하게 바뀌어 나갔다. 지금은 카드나 온라인 거래가 활발해지면서 현금으로 물건을 사고파는 것조차 어색해진 시대가 되었다.

금은 아주 고전적인 거래 수단이지만 그만큼 그 가치가 쉽게 변하지 않는다. 돌아오는 아이의 생일에 어떤 선물을 사 줘야 하나 고민하는 부모들이 많을 것이다. 옷은 한 철 입고 나면 끝나고, 유행하는 장난감은 비싸지만 제값을 못하는 경우가 많다. 무슨 날마다 매번 소소하게 선물을 사 주었더니 아이 방은 자잘하고 쓸데없는 물건들로 넘쳐 난다.

오래도록 남을 가치 있는 선물이 고민될 때 나는 금을 사 주라고 제안하곤 한다. 매년 아이의 생일마다 정기적으로 말이다.

간단하게 서류로 주고받는 금 통장이나 펀드도 있다. 그러나 내가 권하는 건 실물 금이다. 요즘은 금값도 많이 올라 한 돈에 30만 원(2021년 11월 기준) 정도다. 한 돈을 사 봤자 시시할 정도로 작을 것이다. 그러나 묵직하고 반짝이는 것을 받는다고 생각해 보자. 꽤나 그럴듯한 선물 아닐까?

집안의 어르신들도 종종 뭐 필요한 거 없냐고 물어보실 것이다. 집집마다 사정은 다르겠지만 요즘은 워낙 물가가 올라서 백화점에서 옷 한 벌 사려고 해도 몇십 만 원이 훌쩍 넘곤 한다. 그럴 때 쿨하게 "어머님, 고민되시면 금 한 돈 사 주세요~."라고 말해 보면 어떨까? 참 재미있지 않겠는가.

난 가끔 이런 상상을 하곤 한다. 온라인 시대, 비대면으로 모든 것을 해결할 수 있는 기술이 확보되어 있다고 하지만 가끔 사고는 터지게 마련이다. 예상치 못한 사건으로 전기 공급이 중단되거나 통신이 끊어질 수도 있다. 나이 든 사람의 기우라고 생각할 수도 있지만 실제로 몇 차례 비슷한 일이 발생하기도 했다. 테러나 전쟁, 자연재해가 결코 일어나지 않을 거라고 보장하기도 어렵다. 그런 난리 통이 찾아온다면 은행에 아무리 돈이 많이 있어도 무용지물 아니겠는가. 그러면 역시 금 한 덩어리만큼 든든한 게 어디 있을까?

금 열 돈이 모이면 한 냥이 된다. 한 냥이라고 해 봤자 부피는 작아서 엄지손가락 하나 정도밖에 되지 않는다. 하지만 눈으로 바로 확인할 수 있는 재산이기에 볼 때마다 흐뭇하다. 그리고 그것은 언제든지 현금화할 수 있다.

자, 그렇다면 선물로 받은 금은 어디에 보관할까? 미니 냉장고만 한 금고를 하나 장만하자. 금고라고 하니 굉장히 거창하게 들리겠지만 사실 사무용으로 쓰는 작은 금고는 그렇게 비싸지 않다. 아무리 소박하고 평범하게 살아온 사람이라도 세월이 쌓이다 보면 귀하게 보관할 물건 한두 개쯤은 생기게 마련이다. 귀한 선물이나 패물, 중요한 서류들 말이다. 아무 곳에나 대충 처박아 두지 말고, 금고에 고이 모셔 두면 좋겠다.

작은 금고 하나만으로 심리적으로 꽤 부자가 된 것 같고 비밀번호를 풀어 열고 닫을 때마다 은근히 흐뭇할 것이다.

귀한 것은 귀하게 다루어야 한다. 소중한 것의 가치를 알아보고 감사하게 여기며 더 원하는 사람에게 복이 찾아오지 않겠는가. 부모의 지혜가 아이들에게도 좋은 교육이 될 것이다.

증여도 전략적으로

부모가 돈이 있다면 자녀에게 언제든 증여를 할 수 있다. 그러나 문제는 증여세다. 세금을 정확하게 내는 것은 그 사람의 신용이고 규칙이니 무척 중요하다. 그러나 미리 계산하지 않고 돈이 오가면 배보다 배꼽이 더 커지는 경우도 발생한다. 세금을 내는 만큼 절세도 중요하다고 생각한다. 그렇다고 세금 폭탄을 피하려고 무리한 방법을 쓰다가 적발되면 위험한 상황에 처할 수도 있다. 최근 강남에서는 부모가 아이 이름으로 주식 투자를 했다가 소득 출처가 정확하지 않다는 게 밝혀져 문제가 되기도 했다.

다행히 세금 면제가 가능한 기간과 금액이 있으니 이것을 잘 활용하는 것이 중요할 것이다. 미성년자는 10년에 한 번씩 최대 2천만 원까지 증여세 없이 증여가 가능하다. 만 19세 이상의 성년은 10년에 한 번씩 5천만 원까지 증여할 수 있다.

그렇다면 아이의 나이에 따라 증여의 계획이 설 것이다. 아이가 한 살이 되었을 때 2천만 원을 증여하고, 10년 후 열한 살이 되었을 때 또 2천만 원을 증여한다. 이런 식으로 지정된 시기와 금액을 잊지 않고 챙겨서 증여한다면 법적으로 아무 문제없이 꽤 많은 돈을 물려줄 수 있는 것이다.

물론 현금만 쌓아 놓는 것보다는 그것을 이용해 투자를 하는 것이 더 현명하다. 약간의 현금은 아이의 종잣돈이 되어 줄 것이다.

통상적으로는 매매 비용과 전세금의 차이를 이용해서 갭 투자를 하는 경우가 많다. 예를 들어(어디까지나 예일 뿐이다) 증여로 모은 현금 5천만 원의 종잣돈을 가지고 매매 2억에 전세 1억 5천 정도 하는 연립 주택을 구입할 수 있다는 이야기다.

큰돈은 물려줄 수 없지만 작은 지혜를 이용하면 아이는 유주택자가 될 수 있고, 시간이 흘러 집값이 상승하면 그 또한 재산이 된다. 실제 증여가 이루어진 돈은 5천만 원밖에 되지 않으니 수입에 대한 출처 또한 당당하게 밝힐 수 있지 않겠는가.

많은 부모들이 아이가 부자가 되길 바란다. 그리고 다른 집처럼 경제적으로 지원해 주지 못하는 자신의 상황을 탓하는 경우가 많다. 하지만 나에게 주어진 환경과 자원을 최대한 활용하여 영리한 판단을 하는 사람들도 많다. 열심히 정보를 습득하고, 묵묵히 준비하고, 기회가 왔을 때 놓치지 않는 부모라면 아들에게도 좋은 경제 교육을 할 수 있으리라고 믿는다.

우리의 아이들은 부자가 될 수 있다. 우리 엄마들이 그렇게 만들어 줄 수 있다. 그리고 소중한 아이에게 돈만 많은 부자가 아니라 정신과 마음이 여유로운 진짜 부자의 삶을 선물해 주길 바란다.

좋은 소비를
가르쳐라

경제 교육도 시대에 따라 흐름이 있고 유행이 있는 것 같다. 최근 경제의 화두는 아무래도 부동산, 주식 그리고 가상화폐가 아닐까? 투자로 인한 이익이 높아지는 만큼 노동의 가치는 폄하되는 시대다. 우려되는 것은 아이들의 경제 교육까지 이 흐름을 타고 있다는 것이다.

아이의 이름으로 주식이나 비트코인을 사서 돈 벌어 준 것을 자랑스럽게 이야기하는 부모들도 많다. 이를 잘못되었다고 얘기하는 건 아니다. 다만 자칫 우리 아이들이 어른들의 '돈 놓고 돈 먹기' 놀음부터 잘못 배울까 봐 걱정이 된다.

시대가 변하고 경제 흐름이 바뀌어도 흔들리지 않고 가르쳐야 할 것들이 있다. 나는 우리 아이들이 가치 있는 소비 철학을 가지고 돈 쓰는 법부터 배웠으면 좋겠다.

돈맛은 천천히 알아도 좋다

부동산과 주식, 비트코인의 값이 천정부지로 오르는 상황 속에서 많은 사람들이 쉽게 돈 벌 수 있는 방법을 쫓는 데 혈안이 되었다. 그러다 보니 땀 흘려 일해서 번 돈은 우습게 여겨지기도 한다. 물론 시간이 지나면 아이에게 자본을 굴려서 더 큰 부를 축적하는 법을 알려 줄 때가 올 것이다. 그러나 아직 세상의 이치와 경제의 개념을 채 익히기도 전인 어린아이에게 쉽게 돈 버는 방법부터 알려 줄 필요가 있을까?

20세 이전에는 경험이 자산이다. 돈 놓고 돈 먹는 방법을 배울 때가 아니라 머리부터 발끝까지 지식과 경험을 쌓아야 할 때다. 우선 성실하게 배우고 일하는 기쁨을 터득한 후에, 자본이 들어오면 목돈으로 불리는 방법을 배워야 한다. 아무것도 하지 않으면서 그저 천만 원 가지고 천만 원 더 벌고, 2백만 원 넣어서 5백만 원 버는 것이 얼마만큼 가치 있는 일일까?

나는 아이들을 키울 때, 몸을 움직이고 공부를 해서 경제를 익히도록 했다. 명문대에 들어간 우리 아들과 딸은 대학생이 되었을 때부터 고액 과외로 돈을 벌 수 있는 유혹이 심심치 않게 들어왔다. 그러나 거절하도록 가르쳤다. 이제 갓 청소년 티를 벗은 아이들이 받기에는 너무 큰 액수였기 때문이다.

한두 시간 과외로 몇백 만 원의 큰돈을 쉽게 벌다가 어떻게 훗날 회사에 가서 2~3백만 원밖에 되지 않는 월급에 만족하며 일하겠는가.

아무리 스펙이 훌륭하다고 해도 일반적인 조직에서 사회 초년생에게 줄 수 있는 연봉은 어느 정도 정해져 있다. 대기업에 들어가서 사회를 처음 경험하던 시절, 아들은 줄곧 툴툴대곤 했다. 생각보다 월급이 적었던 것이다. 게다가 비슷한 실력을 가진 친구들은 다른 직업이나 길을 선택해 비교도 안 될 정도의 돈을 벌고 있었다. 힘들게 들어간 대기업이지만 실리를 생각하자면 아쉬운 점도 많았던 것 같다. 그때 나는 이렇게 조언해 주었다.

"돈 받으면서 대학원 다닌다고 생각해. 지금 여기서의 경험이 너를 성장하게 할 거야. 엄마를 믿어."

다행히 아들은 3년 정도의 힘든 대기업의 조직 생활을 잘 버텨 냈다. 물론 그 안에서 돈으로 환산할 수 없는 많은 것을 배웠다. 상사와의 관계, 동료와의 관계, 수많은 거래처와 소통하며 프로젝트를 진행하는 법, 계약서를 작성하고 기안을 올리는 법, 사고가 발생했을 때 깔끔하게 처리하는 법, 성공과 실패를 함께 나누는 법……. 한 젊은이가 세상을 살아가는 데 필요한 이런 핵심적인 기술과 노하우를 회사 말고 어디에서 이토록 체계적으로 배울 수 있겠는가. 사람과 일을 배우는 데 이만큼 좋은 기회는 없다고 생각한다. 물론 한 기업에서 정년퇴직까지 하는 건 지금 시대와는 맞지 않다고도 생각한다.

3년여의 시간은 더 넓은 물로 헤엄쳐 나가기에 충분한 배움이었다. 지금 당장 주머니에 꽂히는 돈의 액수만 생각했다면 놓치기 쉬운 기회였을 것이다.

때로는 덜 영리하게 굴어야 할 때가 있는 법이다. 특히 젊은 시절엔 더 그렇다. 아들에게 달콤한 돈의 맛은 천천히 가르쳐 주자. 그래야 진짜 삶의 맛을 제대로 배울 수 있다.

소비하기 전에 생각하는 습관을 들이자

돈을 버는 법, 모으는 법, 쓰는 법 모두 중요한 경제 공부다. 그러나 아이가 어릴 때에는 쓰는 법을 가르치는 데 초점을 맞춰야 할 것이다. 아이들이 경험하는 실제 경제생활에서는 소비가 대부분이기 때문이다.

물자가 풍요로운 축복의 시대다. 지금의 아이들은 예전에 비해 원하는 것을 쉽게 가질 수 있다. 필요한 것은 검색 한 번으로 전 세계 어디에서든 살 수 있고, 손가락 터치 몇 번으로 집 앞까지 배달된다. 지갑 속의 돈이 빠져나가는 모습이 실제로는 보이지 않으니 어른도 아이도 돈 쓰는 데 불편함을 느끼지 못한다.

그러나 지금 가지고 있는 내 몫의 돈이 얼마나 소중한지 알려 줘야 한다. 이 돈과 바꾸어 갖게 되는 물건 또한 그만큼 소중하고 가치가 있어야 한다. 그렇기 때문에 돈을 쓰기 전엔 고민을 해야 하는 게 맞다.

물건을 사고 싶어 하는 아이에게 세 가지의 질문을 던져 보자.

1. 꼭 필요한 물건인가?
2. 이 물건의 가격은 적정한가?
3. 이 물건을 얼마나 잘 활용할 수 있는가?

첫째, 꼭 필요한 물건인가?

가격과 관계없이 갖고 싶은 물건이 생기면 왜 필요한지 그 이유를 적어 보게 하자. 번호를 달아 세 가지 정도 이유를 댈 수 있다면 정말 필요한 물건이 맞다. 장난감 하나, 책 한 권을 고르더라도 이런 과정을 거친다면 아이의 경제 개념이 바로 설 것이다.

둘째, 이 물건의 가격은 적정한가?

가격의 적정선은 검색을 통해 쉽게 찾을 수 있다. 부모가 도와주면 아이도 알아볼 수 있다. 같은 종류의 물건도 제조업체나 판매처에 따라 가격이 천차만별이라는 것을 알게 되고, 지금 이 가격에 구입하는 것이 과연 합리적인지 체크할 수 있게 될 것이다.

셋째, 이 물건을 얼마나 잘 활용할 수 있는가?

물건의 활용 정도는 소비 이후에 확인할 수 있다. 우리 어른들도 너무 갖고 싶어서 덜컥 사 놓고는 쓰지도 않고 처박아 둔 물건들이 많지 않은가. 아이들도 순간의 유혹을 이기지 못하고 장난감이나 학용품을 사지만, 금방 관심에서 멀어지는 경우가 많다. 옷이라면 몇 번을 입었는지, 장난감이라면 몇 번을 갖고 놀았는지, 그 돈을 쓰지 않았다면 어떻게 했을지 꼭 물어보고 생각하는 시간을 가지면 좋겠다. 이런 과정을 거친다면 아이가 충동구매로 돈을 낭비하는 일을 크게 줄일 수 있을 것이다.

자본주의 시대에 우리는 소비를 통해 많은 기쁨을 얻곤 한다. 소비하며 정체성을 찾고 소비를 거듭하며 인생을 보낸다. 때론 원하는 것을 소유하는 의미보다 그저 소비 자체에 의미를 둘 때도 있다.

그동안 아이가 원하는 것을 너무 쉽게 사 준 것은 아니었을까? 그 전에 나 또한 물건을 소비하는 방식으로 스트레스를 푼 건 아니었는지 생각해 보자. 현관 앞에 놓이는 각종 택배물을 보며 한 번쯤 반성해 볼 필요도 있을 것 같다.

아들에게 유통 과정을 알려 주자

강의를 듣는 엄마들에게 종종 아들의 손을 잡고 재래시장에 가 보라고 권한다. 아들에게도, 엄마에게도 기억에 남는 즐거운 체험이 될 것이다. 하지만 사실 재래시장을 자주 가는 건 쉽지 않다. 동네 슈퍼나 대형마트에 비해 주차도 어렵고 물건을 고르기에도 불편하기 때문이다.

나는 워낙 재래시장에서 쇼핑하기를 즐기는 편이다. 덕분에 옷이나 신발을 사 준다는 핑계로 아들의 팔짱을 끼고 동대문 구석구석 데이트 할 기회가 여러 번 있었다.

아들과 처음 들른 시장은 신발 도매 상가였다. 동대문 재래시장의 쇼핑은 기술이 필요하다. 여기저기 정신없이 쌓여 있는 물건들 중에서 내가 원하는 상품을 찾으려면 꽤 괜찮은 안목이 있어야 하니 말이다. 제대로 된 디스플레이는커녕 결제한 물건을 대충 검은 비닐봉지에 담아 주는 재래시장 안에서는 물건의 가치가 낮아 보이게 마련이다. 하지만 그런 곳에서도 보물은 숨어 있다. 브랜드 신발만큼은 아니더라도 남자아이가 1년 정도 편하게 신을 신발은 시장 물건 중에서도 어렵지 않게 찾을 수 있다. 'Made in Korea'가 붙어 있는 제품들은 대체로 품질이 좋으니 잘 찾아보길 바란다. 아무튼 나와 아들은 재래시장을 구석구석 돌며 몇몇 신발을 눈여겨보았다.

아들과 함께 그다음 찾아간 곳은 두타였다. 동대문에서 유명한 쇼핑센터인데 도매 상가와는 그다지 떨어지지 않은 곳에 있다. 대형 건물이고, 인테리어가 잘되어 있는 매장 안에 마네킹들이 최신 유행의 신상품을 입고 고객을 유혹한다. 우린 그곳에서 조금 전 시장에서 눈여겨본 신발과 똑같은 제품을 찾을 수 있었다. 하지만 가격은 완전히 달랐다. 거의 두 배가 넘는 값으로 올라 있었으니 말이다.

그 순간, 아들의 눈빛이 확 변하는 걸 느낄 수 있었다. 바로 앞 시장에서 싼 가격에 팔리던 신발이 매장 좀 바뀌었다고 고가의 제품으로 변신했으니 사기라도 당한 것처럼 느껴진 모양이다. 덕분에 가격이 형성되는 원리에 대해 알려 줄 기회가 생긴 셈이었다.

"아들아, 이건 불법이 아니라 유통이란다."

두 곳의 가격이 같을 수는 없다. 멀끔한 매장을 운영하려면 돈이 들기 때문이다. 임대료, 인테리어비, 직원 인건비, 포장비, 광고비……. 이 모든 비용이 적절한 로직에 따라 제품 가격에 수렴하는 것은 경제의 원리다.

당연히 유통 과정에 따라 가격은 달라지며 어떤 유통망을 이용할지는 소비자가 선택하는 것이다. 깔끔하게 꾸며진 곳에서 값을 더 주고 살수도 있고, 물건의 본질을 볼 수 있다면 시장에서 조금 더 싼 가격에 제품을 고를 수도 있다.

소비자의 능력뿐 아니라 물건을 사야 하는 상황과 환경에 따라서도 선택을 다르게 할 수 있다. 싼 게 좋다고 모든 물건을 다 시장에서 살 수는 없다. 어떤 물건은 마트에서 취급하기도 하고, 어떤 건 백화점에서 정품을 확인하고 사는 게 좋고, 기회를 봐서 면세점에서 사야 하는 것도 있다.

그날 이후, 아들은 유통 과정에 대해 나름 공부를 한 모양이다. 소매와 도매는 어떻게 다른지, 마트와 백화점에 들어오는 제품은 어떻게 다른지, 아울렛과 명품숍은 어떤 유통망을 통해 운영되는지……. 원가를 계산하고 추가되는 금액을 짐작하며 최종 소비자가가 형성되는 원리를 조금은 이해하게 된 것 같다. 물론 그 덕에 한층 지혜로운 소비를 할 수 있게 되었다. 종종 친구들에게도 재래시장 쇼핑을 추천한다고 한다.

재래시장 쇼핑은 품은 들지만 그 이상의 즐거움이 있다. 괜찮은 물건을 저렴하게 만날 수 있다는 이유도 있겠지만 열심히 일하는 상인들을 만난다는 기쁨도 크다.

하나의 물건이 우리의 발이 닿기 편한 가까운 매장에 진열되기까지, 이렇게 많은 사람들이 이른 새벽부터 수고하고 계시다는 게 새삼 놀랍고 감사하다. 더운 날에도, 추운 날에도 소탈한 모습으로 백반을 먹는 상인들의 모습은 참 정겹다. 그렇게 열심히 일해서 번 돈으로 자식을 키우고 공부도 시켰을 우리 이웃들이다. 그분들을 통해 다시금 노동의 숭고함을 배울 수 있는 것 같다.

쑥쑥 크는 우리 아들의 신발이 벌써 작아졌다면, 이번에는 동대문 시장에 가서 새 신발을 사 보는 건 어떨까? 아들과 함께하는 시장 데이트는 언제나 추천한다.

시간 관리를
잘하는 남자로

우리 모두는 하루에 24시간을 쓰고 있다. 그러나 시간은 쓰는 사람에 따라 전혀 다르게 운영되곤 한다. 자신의 꿈과 목표를 이루기 위해 효율적으로 사용하는 사람이 있는가 하면 어영부영 흘려보내다가 젊음을 허비하는 사람도 있다. 시간 관리는 인생 관리라고 생각한다. 목표가 확실하고 꿈을 가진 사람이라면 일분일초가 귀하다는 것을 알기 때문이다.

사실 현대인들 중에 시간을 게으르게 허비하는 사람은 많지 않을 것이다. 다들 시간이 부족해서 문제라고 말한다. 이 책을 읽고 있는 독자들도 아이를 키우고, 집안일을 돌보고, 내가 해야 할 업무들을 수행하느라 정신이 없을 것이다. 눈앞에 놓인 일들을 해치우다 보면 정작 나에게 가장 중요한 일은 저만치 미루게 마련이다. 매일 시간이 부족해 스트레스를 받으면서도 하루하루를 성실하게 살아가는 모든 엄마들에게 박수를 보내고 싶다.

많은 분들이 "코치님은 하루를 어떻게 사용하세요?" "코치님의 하루는 48시간인가요?"라고 물어본다. 수시로 블로그와 인스타그램에 글이 올라오고 일주일에 몇 번씩 유튜브 영상이 업로드되니 온종일 일만 하는 것처럼 보이는가 보다. 게다가 온라인 강의와 오프라인 강의도 정기적으로 진행하고 있으니 스케줄이 많은 것은 사실이다. 24시간을 살면서 48시간을 사는 것 같은 아웃풋을 내는 비결은 무엇일까?

'오늘 할 일을 내일로 미루지 말자.'

어떻게 보면 딱딱하고 지루한 표어다. 그런데 이 재미없는 문장이 이제 내 생활에 중요한 철학이 되었다. 많은 사람들이 그러하듯이 나 또한 휴대폰 일정표에 오늘 해야 할 일을 정리하곤 한다. 공식적인 자리에 참석해야 하는 일도 있고, 개인적인 업무를 봐야 하는 시간도 있다. 온라인 강의 자료를 만들거나 스스로 공부해야 하는 시간 등이다. 일정이 꽤 많은 날도 있지만 어떻게든 내일이 되기 전에 마무리를 지으려고 노력한다. 대신 의식적으로 결과물에 너무 큰 부담을 갖지 않으려고 한다.

어떤 사람들은 작은 결과물 하나에도 완벽하려고 노력한다. '내 이름을 걸고 하는 거잖아.' '다른 사람들이 평가할 텐데 이 정도로 내놓을 수 없어.'라고 생각하는 것이다. 그 또한 성격이고 기질이기에 쉽게 바뀌지는 않는다.

그러나 나는 완벽한 결과물보다는 지금 이 순간 최선을 다한 것에 의미를 두는 편이다. 먼 훗날 지금 한 것을 보면 부끄러울지도 모른다. 하지만 그만큼 내가 발전했다는 의미라고 생각하고 싶다. 지금 최대한으로 집중하여 결과를 냈다면 그 또한 숭고한 결과물 아니겠는가. 이렇게 하루하루 결과물을 내놓다 보면 어느덧 실력이 쌓이고 작업 시간도 줄어든다. 예전에는 종일 끙끙거리며 했던 일들이 지금은 뚝딱뚝딱 제법 괜찮은 질로 나오기 때문이다. 아이든 어른이든 결과물을 내놓는 것에 너무 겁을 내지 않는 것도 시간 관리의 한 방법이 아닐까 싶다.

아들은 대기업에서 일하면서 대학원 입시를 준비해야 했다. 회사 업무를 수행하면서 공부를 한다는 건 쉬운 일이 아니었다. 하나만 하기에도 벅찬 상황에서 두 가지 일을 하려면 시간 관리가 생명이었을 것이다. 아들은 자기가 해야 하는 일들의 우선순위를 정하고 최대한 지키기 위해 노력했다.

	긴급함	긴급하지 않음
중요함	긴급하고도 중요한 일을 수행	긴급하지 않지만 중요한 일을 수행
중요하지 않음	긴급하지만 중요하지 않은 일을 수행	긴급하지도 중요하지도 않은 일을 수행

아들은 앞의 표와 같은 기준에 따라 본인에게 들어오는 여러 일을 정리했다고 한다. 중요한 대인 관계나 업무, 이력서에 들어갈 만한 내용은 '긴급하고도 중요한 일'에 분류하여 바로바로 처리했다. '긴급하지 않지만 중요한 일'은 체력 관리나 회사 업무에 도움이 될 만한 공부였다. 최대한 스케줄에 포함하도록 노력은 하되 다른 일을 제쳐 두고까지 하지는 않았다.

'긴급하지만 중요하지 않은 일' 또한 마찬가지였다. 직장 생활을 하다 보면 부서장이나 임원의 개인적인 필요에 의해 갑작스러운 지시가 내려오는 경우가 종종 있다. 이런 일들은 요령껏 거절하거나 다른 사람이 기회를 가져가도록 내버려 두었다고 한다. '긴급하지도 중요하지도 않은 일'은 단순 반복적인 업무들이다. 또 자잘한 회식 등은 적당히 거절하면서 본인의 시간을 확보했다.

표로 정리하면 단순해 보이지만 이를 실천한다는 건 결코 쉬운 일이 아니었을 것이다. 너무 힘이 들 땐 정말 이렇게까지 하는 게 맞나 의문이 들기도 했고, 처음부터 계획을 수정하고 싶은 마음도 간절했을 것이다. 그러나 꾸준하게 실천에 옮길 수 있었던 힘은 꼭 이루고 싶었던 꿈, 그 하나가 아니었을까? 생활에 안주하고 싶은 유혹과 여러 핑계들을 극복할 수 있는 가장 강렬한 동기는 결국 스스로가 세운 목표이다.

엄마들의 경우는 아이 양육에 매여서 자기 시간을 제대로 활용하지 못하는 경우가 많다. 크게 욕심내지 말고 내가 확보할 수 있는 시간을 명확하게 파악하는 것도 지혜로운 자세라고 생각한다.

나와 함께 일하는 학부모들 중에는 새벽 시간을 활용하는 분들이 꽤 많다. 그분들은 10시에 아이를 재우면서 같이 마음 편히 잠을 잔다고 한다. 대여섯 시간 정도 푹 자고 나면 컨디션이 꽤 좋아진다. 새벽 3~4시에 좋은 컨디션으로 일어나 새로운 하루를 시작하는 것이다. 고요한 새벽 시간, 하고 싶었던 공부를 하기도 하고 일상의 기록을 위해 블로그 포스팅에 시간을 투자하기도 한다.

내 시간을 정확히 알고, 그 안에 할 수 있는 것들을 파악해 보자. 너무 많은 임무가 주어지면 사람은 도망갈 구실을 만들게 마련이다. 하지 않아도 될 이유를 찾고 변명거리를 찾는다.

시간 관리는 성인에게만 해당하는 것이 아니다. 유아 때부터 시간의 개념을 알고 그 안에 내가 할 수 있는 것들을 생각하도록 도와주어야 한다. 그런데 이게 참 쉽지 않다. 시간은 눈에 보이지 않기에 아이들이 양을 가늠하기가 어렵기 때문이다.

"자, 1시 10분부터 30분까지 간식을 다 먹자."라고 하면 어른들은 20분 정도의 시간이 주어졌다는 것을 직관적으로 파악한다. 그러나 아이들은 다르다. 사탕 다섯 개는 눈으로 보고 파악할 수 있지만 보이지 않는 20분을 어떻게 알 수 있겠는가. 시계를 읽을 줄 아는 것과 시간의 양을 파악할 줄 아는 것도 다른 이야기다.

그래서 구글에서 사용한다는 타임타이머를 추천하곤 한다. 시간의 양을 면적으로 보여 주는 시계인데 아이들이 시각적으로 시간을 파악하는 데 도움이 된다.

시간의 양을 대략적으로 파악했다면 그것을 쪼개 쓰는 방법도 알아야 한다. 나에게 주어진 24시간 중에서 몇 시간을 공부할지, 몇 시간을 놀지, 얼마 동안 밥을 먹을지 등을 계산하는 것이다. 그게 가능한 아이들은 나중에 고학년이 되었을 때 스스로 공부하는 셀프 스터디가 가능해진다.

나의 저서 《엄마주도학습》에는 주간 계획표 작성법이 나와 있다. 아들과 함께 일주일 동안 해야 할 일들을 나열해 보고 어느 요일, 어떤 시간대에 할지 스스로 정하도록 해 보자. 아마 아이와 엄마에게 딱 맞는 루틴이 나오기까지 몇 차례 시행착오가 생길 것이다. 그러나 그 과정을 통해 24시간을 제대로 활용하는 실질적인 방법을 찾게 된다. 물론 계획표를 작성하기에 앞서 시간의 양을 파악할 줄 알아야 하며, 시간 관리에 대한 인식이 뒷받침되어야 할 것이다.

코로나,
위기가 아닌 기회로

'위드 코로나' 시대가 열렸다. 바이러스의 완전한 종식을 기대해 왔지만 2년 넘게 장기화되면서 이제 코로나19와 공존하며 일상을 회복하는 분위기다. 물론 코로나19 사태 초기에 느꼈던 불안과 공포는 많이 완화되었다. 방역을 위해 제한을 둔 정책들도 점차 느슨해질 것으로 보인다. 그렇다고 해서 코로나19 이전의 시대로 완전히 돌아갈 수는 없다고 생각한다.

코로나19는 우리 삶의 많은 부분을 바꾸어 놓았다. 대다수의 사람들이 '코로나 때문에'라며 피해 입은 것들을 하소연한다. 그러나 누군가는 '코로나 덕분에' 얻은 것도 꽤 많을 것이라고 생각한다.

언택트 시대, 재택근무, 온라인 수업 등으로 우리는 가정 내에서 머무는 시간이 많아졌다. 회사에 출근을 안 해도 되고, 학교에 등교를 안 해도 되었다. 길거리에 뿌리는 시간이 온전한 가용 시간으로 변했다. 적어도 하루 2시간 이상의 여유 시간이 생긴 것이다.

사람을 만날 일도 줄었고, 관혼상제와 관련된 만남도 크게 줄었다. 그동안 일주일에 두세 번은 지인을 만나고 한 달에 한 번 이상 예식장이나 장례식장에 갔다고 한다면 도대체 우리에게 얼마나 많은 시간이 생긴 것일까?

나도 모르는 사이에 생긴 많은 시간들. 과연 사람들은 이 시간을 알차게 사용했을까? 혹시 코로나19가 곧 끝나겠지 하면서 아무것도 안 하면서 귀한 시간을 흘려보낸 것은 아닐까?

어떻게 활용하느냐에 따라 누군가는 하루를 24시간으로 보냈을 것이고, 또 누군가는 30시간 이상처럼 썼을 것이다. 코로나19 사태가 처음 발생한 지 2년 차에 접어들었다. 이 시기를 잘 보낸 사람 중에는 많은 성과를 얻은 이도 있을 것이다.

내 주변에는 오프라인 만남을 자제하여 얻은 시간을 새로운 취미에 쓴 사람들이 많다. 또 언택트 시대에 할 수 있는 지적 활동으로 지식과 교양을 쌓은 사람들도 있고, 심지어 투잡을 하며 경제적으로 생산성을 높인 이들도 적지 않다. 그동안 간절히 원했던 휴식에 온전히 몰두하며 몸과 마음을 충전한 사람들도 많다.

우리 아들은 코로나19 이전부터도 시간 활용을 꽤 잘하는 편에 속했다. 매일 저녁 다음 날 할 일을 휴대폰에 기록해 놓았는데 30분 단위로 작성된 계획표를 보면 '참 열심히 사는구나.' 싶었다. 아들은 출퇴근길 지하철에서는 휴대폰을 '방해 금지 모드'로 바꾸고 공부했다고 한다. 점심시간에도 간단한 도시락으로 식사를 해결하고 남는 시간에 원하는 공부를 했다고 한다. 이랬던 아들에게 코로나19로 인해 더 많은 시간이 생긴 것이다.

아들은 공부도 열심히 하지만 운동을 참 열심히 한다. 코로나19로 피트니스 클럽에 못 갈 때는 집에서 기구를 이용해 원 없이 운동을 했다. 그동안 시간이 부족해서 마음껏 못 했던 운동을 정말 열심히 했다. 운동은 근력만 키우는 게 아니라 멘털도 길러 준다. 온전히 자기 자신을 만나는 귀한 시간을 '코로나 덕분에' 갖게 된 셈이다.

학생들도 마찬가지다. '코로나 때문에' 학력 격차가 벌어졌다고 걱정하는 학부모가 있는 반면에 '코로나 덕분에' 공부할 시간을 많이 확보한 아이들도 있다. 실제로 대치동에서는 학교에 안 가는 동안에 선행학습을 달리거나 심화학습을 했다는 아이들도 많았다. 엄마들의 단톡방에서 흘러나오는 '누가 어디까지 진도를 나갔다더라.' 하는 말은 많은 엄마들에게 불안감을 주고, 더 나아가 내 아들과 남의 아이를 비교하게 만들었다.

그러나 진짜 고수들은 따로 있다. 선물처럼 늘어난 시간에 평소에 궁금했던 것들을 깊이 있게 공부한 친구들이다. 인터넷을 통해서 심화된 내용도 찾아보고, 유명 인사의 영상 강의를 통해 수준 높은 수업도 들어보고, 외국 자료를 확인하면서 코로나19 이후를 대비한 친구들이다. 물론 반대의 경우도 있다. 학교에 안 가니 생활의 질서가 무너지고, 온라인 수업이니 대충 출석만 체크하고, 제 학년에 배워야 하는 내용도 확인하지 못한 채 학년이 올라간 안타까운 경우도 분명히 있으니까 말이다.

'위드 코로나' 시대가 열렸다고 해서 온라인 수업이나 재택근무가 하루아침에 싹 사라지지는 않을 것이다. 많은 이들이 언택트가 주는 강점을 경험하였고, 그에 따른 이익 또한 맛보았기 때문이다.

우리 아이들이 살아갈 세상은 온라인과 오프라인을 함께 경험하는 세상이 될 것이다. 인공 지능이 생활 곳곳에 자리 잡을 것이고 메타버스에서 관계를 맺고 놀이를 할 것이다. 우리 아이들은 온라인에 익숙해야 하고 로봇을 능숙하게 다룰 수 있어야 한다. 빠르게 변화하는 시대를 살기 위해서는 도전 정신이 필요하다. 낯설게 느껴지는 것도 배우다 보면 내 것이 되고 나의 영역을 확보할 수 있다. 우리 아이들은 부모 세대보다 새로운 것을 잘 받아들인다. 참으로 다행스런 일이다.

우리 아들들을 모든 인간에게 똑같이 주어진 24시간을 잘 활용하는 사람으로 키우자. '코로나 때문에'가 아닌 '코로나 덕분에'로, 위기를 기회로 바꾸는 사람으로 만들자. 시간을 어떻게 쓰느냐에 따라 인생이 달라질 것이다. 늦었다고 생각하지 말자. 여전히 기회는 많이 남아 있다.

외모를 관리할 줄
아는 남자로

우리 아들들이 사회에서 어엿한 인재로 인정받기 위해서는 치러야 하는 시험이 참 많다. 학교 입시도 그렇고 입사 시험도 그렇다. 아이들이 원하는 학교나 회사에 뽑히기 위해 노력하는 것처럼 시험관, 면접관들 역시 우리 학교나 회사에 도움이 될 만한 소중한 인재를 선발하기 위해 최선을 다할 것이다.

좋은 인재를 가리는 첫 번째 기준은 성실성이다. 거의 대부분의 선발 시험에서는 학교 성적표를 확인한다. 숫자로 기록된 성적은 참 단순하다. 그 사람의 모든 것을 증명해 주지는 못하지만 최소한 그가 얼마나 성실한지는 가늠할 수 있게 해 준다. 기준 이상의 성적을 받은 사람이라면 그만큼 학교생활을 성실하게 했다는 것을 인정해야 한다.

　기본적인 성실성이 확인되었다면 시험관들은 후보자들이 남다르게 탁월한 지점이 있는지를 확인한다. 운동, 언어, 토론, 미술 등 그 분야는 다양한데 각종 서류가 이를 증명해 준다. 자기소개서나 이력서에 첨부할 만한 특이 사항이 있는지, 대외 활동이나 수상 경력이 있는지, 추천받은 서류가 있는지 등등이다.

　1단계로 성실성을 체크하고 2단계로 특기를 확인했다면 3단계로 볼 것은 그 사람의 매력이다. 매력은 다른 사람을 사로잡을 만한 특별한 힘을 말하는데, 그것을 확인하기 위해 모든 시험의 최종 단계에서 면접을 보는 것이다. 오랜 시간 차근차근 서로를 알아 가는 상황이라면 한 사람의 매력을 확인할 방법은 많을 것이다. 그러나 짧은 시간에 결론을 내야 하는 면접장에선 외모가 차지하는 비중이 크다고 생각한다.

　모델처럼 큰 키와 배우 같은 이목구비가 외모의 전부는 아니다. 얼굴이 잘생기면 눈길이 가기는 하겠지만 그것을 평가하는 자리는 아니기 때문이다.

　오히려 반듯한 자세나 상대를 쳐다보는 시선, 자연스러운 몸짓 그리고 예의 있는 말씨 등이 그 사람의 매력을 보여 주는 중요한 요소다. 꼭 시험이 아니더라도 인생의 중요한 판단이 첫인상과 함께 결정되는 경우가 꽤 있다. 그러니 외모나 옷차림에 관심이 없더라도 매력 있는 사람이 되기 위해 최소한의 노력은 해야 하지 않을까?

다른 사람에게 매력적으로 보이기 위해서는 기본적으로 청결해야 한다. 깨끗하게 잘 씻고 세탁이 잘된 옷을 깔끔하게 입게 하자. 겉옷은 물론 속옷도 확인하고, 손톱과 발톱도 단정해야 한다.

옷을 잘 입는 사람은 기본적으로 TPO를 중요하게 생각한다. 시간(Time), 장소(Place), 상황(Occasion)에 따라 그에 맞는 차림새를 갖추는 것이다.

당장 캠핑을 떠날 것처럼 아웃도어 스타일을 즐겨 입고, 친구들과 놀때는 힙합 스타일을 입는 사람이라도 면접을 보러 갈 때에는 깔끔한 정장 스타일을 입어야 한다. 물론 깔끔하기로는 교복만 한 것이 없겠지만 요즘은 면접 때 교복을 입지 못하게 되어 있다. 이럴 때는 카라가 있는 티셔츠에 면바지, 벨트면 깔끔하고 무난할 것이다.

아들 키우는 엄마들에게 늘 강조하는 말이 있다. 아들 방에 꼭 전신거울 하나쯤은 두라고 말이다. 상의와 하의의 색깔과 재질을 센스 있게 맞추는 것이 남자아이들에겐 참 어려운 일인 것 같다. 하지만 자주 확인하고 고치다 보면 어느 순간 저절로 알게 된다. 아들이 외출 전에 거울 앞에서 자신의 외모를 다듬는다면 멋만 부린다고 타박하지 말고 더 멋진 모습으로 꾸밀 수 있게 도와주자.

상의, 하의, 외투까지 갖춰 입었다면 다음은 신발이다. 신발을 신은 모습까지 확인하려면 사실은 현관에도 거울이 하나 더 있어야 한다. 기껏 멋지게 차려입고도 마지막에 신발을 잘못 고르는 바람에 그날의 패선을 망치는 경우가 종종 있기 때문이다. 신발을 신은 채로 한 번 더 거울을 보고 오늘은 갈색 구두가 나은지, 흰색 운동화가 잘 어울릴지 점검하면 좋겠다.

아이가 자라면 챙길 것들이 점점 더 많아진다. 작은 소품에서도 자기의 센스를 뽐낼 수 있기 때문이다. 전체적인 분위기를 해치지 않는 선에서 벨트 색깔이나 시곗줄도 고를 수 있다. 그날의 콘셉트와 분위기에 맞춰 가죽 재질이 좋을지 스틸 재질이 나을지 선택하는 것이다.

신발뿐 아니라 벨트와 시곗줄까지 섬세하게 고를 줄 아는 아들이라면 어느 정도 패션에 자신이 생길 것이다. 제대로 신경 써서 옷을 챙겨 입은 날엔 마음가짐이 남다르다. 어디에서 누구를 만나도 주눅 들거나 쭈뼛거릴 일이 없다.

반면 아무렇게나 급하게 나온 날은 괜히 이상한 곳에 신경이 쓰인다. 사람들이 내 부스스한 머리를 쳐다보는 것 같고, 구겨진 바지에만 집중하는 것 같다. 부끄러운 걸 숨기려다 보니 자세가 반듯하게 안 나오고 당당하게 사람을 대할 수 없게 된다.

사실 요즘 남자아이들은 예전과 달리 패션에 대한 관심도 많고, 기본적인 센스를 배우고 익힐 만한 통로도 많이 알고 있다. 그러거나 말거나 여전히 관심 없는 아들도 있지만 말이다. 그러나 옆에서 도와주고 몸에 배도록 습관을 갖게 하면 점차 돋보이는 외모를 갖게 될 것이다.

패션에 너무 신경 쓰고 유행을 따르다 보면 엄마가 보기에는 과하게 스타일링하는 경우도 있을 것이다. 특별히 때와 장소를 신경 써야 하는 경우가 아니라면 놔두어도 될 것 같다. 패션은 자기 자신을 표현하는 또 하나의 방법이니까.

그러나 공식적인 자리거나 평가받는 자리라면 갖추어 입는 것이 좋은 점수를 받을 것이다. 패션은 상대에 대한 예의이기도 하기 때문이다. 중요한 자리에 의복을 제대로 갖추어 입고 나타난 사람에게 보자마자 감점을 주는 사람은 없을 것이다.

'미남보다 훈남'이라는 말이 있다. 얼굴이 아주 잘생기지는 않았어도 은근한 매력을 풍기는 남자들이 있다. 단정하고 바른 옷차림에 밝은 표정과 말씨를 갖춘 남자를 마주하면 '훈남'이란 말 그대로 상대방의 마음도 훈훈해진다. 약간의 센스를 키워 준다면 우리 아들도 훈남으로 자랄 수 있다.

9장

자기 주도 학습에서
자기 주도 인생으로

원하는 대학에 합격하면
부모의 일이 끝날까?

예부터 어른들은 자식 키우는 일을 두고 '자식 농사'라고 하셨다. 너도나도 농사를 지어 밥 먹고 살던 시절, 농작물을 키워 내는 정성과 고통이 한 아이를 길러 내는 마음과 같다는 데서 비롯되었을 것이다. 다른 시대를 사는 우리에겐 이제 농부의 일이 조금 낯설게 느껴지지만 땅을 일구어 열매 맺기까지 얼마나 힘들고 고된 날들이 이어졌을지는 충분히 짐작할 수 있다.

한여름 태양을 이겨 낸 농작물들은 가을이 되면 탐스럽게 영근다. 그것을 수확하며 그해 농사는 끝이 난다. 그런데 우리가 짓고 있는 자식 농사는 언제쯤 끝나는 것일까?

꼬물꼬물 움직이는 어린 생명체를 20대의 건장한 남자로 성장시켜 원하는 대학에 들여보내면 자식 농사를 끝냈다고 봐도 될까? 정말 부모의 일이 여기서 완성되는 걸까?

물론 부모가 자식을 위해 적극적으로 행동을 취하는 건 대학 입학까지다. 입시까지는 여러모로 엄마의 정보력과 노력이 필요하고 적극적인 코칭이 있을 수밖에 없다. 그러나 그 이후의 아이 인생에는 부모가 관여하기도 어렵고 함부로 관여해서도 안 된다.

그렇다고 완전히 외면하고 모르는 척하라는 얘기는 아니다. 아무리 성인이 되었어도 부모의 존재는 필요하다. 사회 안에서 당당히 우뚝 서는 아들의 모습을 조용히 지켜보고 응원해 주고, 힘들어서 넘어지는 순간에는 안전하게 쿠션 역할을 해 줘야 한다. 그것이 입시 이후 부모가 해야 할 일이다. 이제부터는 '자기 주도 학습'이 아니라 '자기 주도 인생'을 살 수 있도록 말이다.

나는 진짜 자식 농사는 이때부터 시작된다고 생각한다. 농부가 일일이 지켜보고 약을 뿌리고 전전긍긍하는 농사가 아니라, 농작물이 스스로의 힘으로 단단한 뿌리를 내리고 쑥쑥 커 나가는 농사다.

대학 입시는 열매가 아니다. 좋은 농사를 짓기 위한 땅을 마련한 것이다. 기름진 땅은 농작물에게 건강한 양분을 선사한다. 좋은 대학에 들어가는 것은 좋은 그룹을 만나는 것과 같다. 그 안에서 사람을 사귀고 정보도 얻고 젊은 날에 할 수 있는 수많은 경험을 한다. 사람들은 대학에 서열을 나누고 등급을 매기지만 정말로 좋은 대학은 나를 성장시켜 주고 고민할 수 있게 만드는 땅 같은 곳이다. 그것을 알아보고 발견하는 데에는 농부인 부모의 안목도 당연히 필요할 것이다.

땅을 마련했으면 어떤 작물을 심을지 결정해야 한다. 이는 진로를 고민하는 과정과 같다. 같은 품종 안에서도 뛰어난 종자가 있는가 하면 조금 비실비실한 종자도 있다. 여기서 종자는 역량이라고 생각한다.

요즘은 품종 개량을 통해 종자를 업그레이드하지 않는가. 아이의 역량 또한 타고나는 것도 분명히 있지만 교육과 훈련을 통해 개발되는 것들도 있다. 한 사람이 지녀야 할 역량의 종류는 무궁무진한데, 현대 사회에서는 전문 지식과 함께 소통 능력도 중요한 역량으로 여겨진다. 말하기뿐만 아니라 몸동작, 글쓰기, 그림 그리기, 사진 찍기, 영상 만들기, 외국어 구사 등 커뮤니케이션 능력이 이에 해당할 것이다.

요즘 대학생들은 그 역량을 키우기 위해 부단히 노력하는 것 같다. 수업 과제를 위해 보고서를 쓰거나 논문을 쓰는 것 외에도 동아리다 공모전이다 대외적이면서도 지적인 활동을 끊임없이 이어 가고 있으니 말이다. 아이들이 온몸을 던져 도전하는 이런 활동들은 이력서에 적힐 한 줄짜리 스펙 그 이상의 경험이 되리라 믿는다.

농사가 잘되려면 날씨도 중요하다. 아무리 좋은 품종의 종자를 좋은 땅에 심어도 때아닌 가뭄이나 한파로 다 자란 농작물들이 피해를 입는 경우도 많지 않은가. 세상살이도 마찬가지다. 아무리 잘났어도 혼자서 모든 것을 다 해낼 수 없다. 결국 다른 사람의 도움을 받아야 한다.

나는 농사에 필요한 햇빛과 비바람, 적정한 습도는 우리의 인맥과 같다고 생각한다. 생각보다 다른 사람의 도움으로 나의 진로가 완성되는 경우가 많다. 교수님과 선배, 후배, 동기, 심지어는 같은 지역에서 도와주시는 동네 분들이나 친인척까지. 외부 사람들의 의견이나 도움이 인생의 결정적인 순간을 좌우하는 것을 많이 보고 경험해 왔다. 그러니 나를 둘러싼 모든 인간관계를 소중하게 생각해야 하지 않을까?

시간이 지나면 작은 씨앗도 무럭무럭 자라고 크고 탐스러운 열매를 맺을 것이다. 이제 수확의 시간이다. 농작물은 상품이 되어 소비자들에게 판매된다.

이는 한 사람이 공부를 마치고 사회로 나가 취업이나 창업을 하는 과정과도 비슷하다. 괜찮은 상품으로 인정받아 좋은 값에 팔리려면 여러 조건이 수반되어야 한다. 역량도 많이 쌓아야 하고, 운도 좋아야 한다. 그리고 시대를 읽고 미래를 예측하는 눈도 필요하다.

미리부터 아이의 직업을 고민하고 골라 줄 필요는 없다. 80~90년대에 잘나갔던 직업 중에 몇 가지나 지금까지 살아남았을까? 세상은 빠르게 변화하고 유망 직업 또한 매일같이 바뀌고 있으니 말이다.

농부의 마음가짐과 정성뿐 아니라 기술력과 판단력도 중요한 시대다. 멀리 생각하고 깊이 생각하는 프로 농부가 되어 보자. 아들이 진짜 자기 인생의 주인공이 될 수 있도록 말이다.

군대는 무덤이 아니다,
새로운 인맥이다

딸 엄마들은 하지 않는 고민이 있다. 그러나 아들 엄마라면 한 번쯤 심각하게 고민했을 그것, 바로 군대다. 대한민국 국민이라면 누구나 국 방의 의무를 지고, 특히 18세 이상 대한민국 남성에게는 병역의 의무가 부여된다. 사회 복무나 산업 지원, 대체 복무도 가능하지만 대부분의 남 자들은 현역으로 입영을 하고 특별한 경우가 아니면 피하기 어렵다.

여자들이 가장 싫어하는 이야기가 군대에서 축구한 얘기라는 농담도 있다. 들어 주는 여자들은 지겹다고 난리인데 젊은 남자나 나이 든 남자 나 모이면 주야장천 군대에서 고생한 후일담을 늘어놓기 바쁘다. 그런 걸 보면 2년 남짓의 그 경험이 남자의 인생에서 얼마나 중요하게 각인

되었는지를 짐작하게 한다. (2021년 현재 군 복무 기간은 1년 6개월이다)

그러나 군대를 원해서 가는 남자들은 드물다. 대부분 군대를 그냥 '간다'고 표현하지 않고 '끌려간다'라고 한다. 그리고 군 복무하는 기간을 흔히 '썩는다'라고도 표현한다. 실제로 2년 정도의 군 복무 기간 동안 자기 개발을 멈추고 낡은 문화를 답습하는 경우도 많다. 그러나 현명하게 알아보고 판단한다면 새로운 형태의 좋은 커뮤니티를 만나는 기회로 삼을 수도 있다. 군대에도 좋은 사람은 많다. 제대 이후에도 서로 도움을 주고받는 대단한 인맥을 만들 수도 있다. 자신의 특기나 전공을 살려서 지원한다면 역량을 썩히기는커녕 오히려 단기간 내에 강도 높은 트레이닝을 받으며 화려하게 꽃피울 수도 있다. 그러려면 일단 선발하는 분야를 찾아보고 자격 조건이나 필요 서류를 준비한 후 지원을 해야 한다.

우리 아들의 경우엔 육군 어학병을 지원했다. 시험에 합격한 후 한미 연합사에서 복무했는데 영어 실력 향상은 물론이고 좋은 선후배를 많이 알게 되었다. 제대 후에도 만남은 이어졌으며 유학 경험이 있는 선배들은 아들이 유학 서류를 준비할 때 큰 도움을 주었다. 물론 어학병만 모집하는 게 아니다. 공학 기술 전문가나 예술 계통 전문 인력 또한 전문특기병으로 지원 가능하다.

아들 엄마라면 필히 병무청 홈페이지(mma.go.kr)에 들어가서 지원

가능한 분야를 확인하기 바란다.

군지원(모병)안내 〉 모집안내서비스 〉 안내 및 지원절차

일반인들이 쉽게 찾지는 않지만 병무청 홈페이지에는 군 입대나 군 생활에 대한 정보가 아주 잘 정리되어 있다. '모집안내서비스'에 있는 '공지사항'이나 '이달의 모집계획' 등 다른 페이지도 확인하고 꼼꼼하게 읽어 보면 좋겠다.

병무청 홈페이지에 나와 있는 자료를 토대로 육군에서 지원 가능한 모집 분야를 정리해 보았다.

기술행정병	자격, 면허, 전공 학과 등과 연계된 특기에 지원·합격하여 육군 기술행정병으로 입영·복무하는 분야이다. 포병, 전차 운전 및 정비, 통신, 조리, 의학, 항공 등 143개 분야가 있다.
취업맞춤특기병	고졸 이하 병역 의무자가 군에 입영하기 전에 본인의 적성에 맞는 기술훈련을 받고 이와 연계된 분야의 기술병으로 입영하여 군 복무함으로써 취업 등 안정적으로 사회 진출할 수 있는 현역병 모집 분야. 복무 중에는 기술훈련 받은 분야의 기술병으로 복무하며 자격 취득, 기술 숙련 등 자기 개발을 통해 미래를 준비할 수 있으며, 전역 후에는 고용노동부, 국가보훈처, 중소벤처기업부 등 유관 기관과 협업하여 제공하는 취업 지원 서비스를 받게 된다.

전문특기병	입대하기 전에 대학교 또는 대학원, 기업체에서 전문적인 지식을 가지고 있는 인원을 선발한다. 자격, 면허, 전공 학과로 지원이 가능한 군사 특기를 검색하여 지원할 수 있다. 특공병, JSA경비병, 훈련소조교병, 유해발굴기록병, 의장병, 특전병, 신호정부/전자전운용, 탐지분석병, 드론운용및정비병, 지형자료관리병, 정보보호병, S/W개발병, 기동헬기운용병, 화생방시험병, 방사능분석연구보조병, 생물학시험병, 대형버스운전병, 구급차량운전병, 속기병, 지식재산관리병, 특임군사경찰, MC군사경찰, 과학수사병, 33경호병, 회계원가비용분석병, 영상콘텐츠디자이너, 군악병(양악, 국악, 실용음악), 유해발굴감식병, 종교군종병(기독교, 천주교, 불교), 군사과학기술병 등 모집 영역이 방대하며 분야는 늘어나는 추세이므로 꼭 확인하길 바란다.
어학병	어학 능력이 요구되는 직위에 보직되어 필요시 활용되는 병사다. 영어, 프랑스어, 스페인어, 독일어, 일본어, 중국어, 러시아어, 아랍어 등의 특기자가 해당된다.
카투사	카투사는 우리나라에 주둔하고 있는 미8군에 배치되어 소속된 한국군 육군 요원(한국군지원단 소속)으로, 한미연합 관련 임무를 수행한다.

이 밖에도 동반입대병, 직계가족복무부대병, 연고지복무병 등으로도 지원이 가능하다. 또한 육군뿐 아니라 해군, 해병대, 공군에도 지원 가능한 분야가 있고, 특기를 발휘하고, 진로를 개척하고, 네트워크를 쌓을 수 있는 분야가 마련되어 있다.

아들 엄마들은 묻는다. 애지중지 키운 아들을 군대 보내면 마음이 아프지 않느냐고. 그러나 군대를 보내 본 엄마들은 생각보다 괜찮다고 한다. 오히려 '가서 고생 좀 하고 인간이 되어서 오너라.'가 솔직한 심정일지도 모른다.

애지중지 키운 아들, 꼭 군대에 보내자. 대신 잘 알아보고 좋은 곳으로 보내야 한다.

원하는 것을 선택할 수 있는
인재로 키워라

청년들이 자립하기 어려운 시대다. 단군 이래 최고의 스펙을 뽐낸다는 우리 아이들이 여러 사회적 상황 때문에 좌절에 부딪히는 모습을 많이 보았다. 어렵게 들어간 명문대를 졸업하고도 취업은 하늘의 별 따기라고 한다. 힘들게 직장에 들어갔지만 차곡차곡 재산을 모으는 것은 생각처럼 쉽지 않다. 일은 어렵고 월급은 적으니 이 돈으로 집을 사거나 가정을 꾸리는 것은 생각만 해도 막막하다.

그런데 주변에서는 부동산 갭 투자로 몇 억을 벌었고, 주식으로 몇 배 수익을 냈다는 말들이 들린다. 착실하게 월급을 모아서는 꿈도 꿀 수 없는 큰돈이 한순간에 주어지는 걸 보면 열심히 살아온 자신이 바보가 된

느낌이다. 그러다 보니 많은 청년들이 비트코인 같은 가상화폐에 관심을 갖고 영혼까지 빚을 내서라도 한 방의 수익을 노리는 것 같다.

부자가 되기 위해 다방면으로 노력하는 많은 사람들을 욕할 마음은 없다. 그러나 아직 젊은 우리의 아들 세대가 중심을 지키지 못하고 이리저리 떠돌다가 정작 인생에서 가장 중요한 것을 잃어버릴까 봐 걱정이 된다.

사람의 인생에서 진짜로 중요한 것은 무엇일까? 대박 수익으로 얻어진 몇 억의 재산일까? 아니면 더 소중하고 아름다운 다른 것이 있을까?

돈을 버는 것이 유일한 목표라면 그에 맞는 길로 가면 된다. 그러나 진짜 꿈은 따로 있고 그 꿈을 이룰 수 있는 수단이 돈이라면 이 길 말고 다른 길은 없는지 고민해 봐야 한다.

우리 주변을 보면 '참 행복하게 잘 산다'라고 생각되는 사람들이 있다. 이들은 경제적으로도 여유롭고 가족과 친구 등 주변 관계도 좋다. 이 사람들의 공통적인 모습 중에 중요한 하나는 자기가 하고 싶은 일에 몰입하며 끊임없이 성장하는 과정을 반복하는 것이다. 행복을 이루는 조건은 여러 가지가 있겠지만 그중 하나는 '내가 정말 원하는 일을 하고 있는가'일 것이다. 많은 사람들이 고등학교 3학년 때 수능 점수에 맞춰 대학이나 학과를 정하는데 결국 그것이 평생 하는 일과 연결되는 경우가 많다. 내 꿈에 대한 고민과 성찰 없이 덜컥 정한 진로 때문에 하기 싫은 일을 해야 하는 것이다. 과연 그 삶은 행복할까?

자기가 진짜 하고 싶은 일을 하는 사람은 행복하다. 그렇기 때문에 그 토록 많은 사람들이 이미 잘 다니던 학과에서 전공을 바꾸거나 대학원에서 전혀 새로운 분야의 공부를 시작하는 것이다.

인생은 생각보다 길고 우리 아이들 세대의 평균 수명은 더욱 늘어날 것이다. 행복하고 아름다운 삶을 살려면 내가 원하는 것이 무엇인지 정확하게 파악해야 한다.

꿈은 동사로 서술해야 한다는 말이 있다. '선생님', '교수'처럼 명사화된 직업이 아니라 '누군가를 가르치고 싶다'라고 동사로 풀어서 설명해야 진짜 꿈이 될 것이다. 동사화된 꿈이 있다면 직업은 그리 중요하지 않다.

한때 유행했던 유망 직업이 하루아침에 사라지기도 하고 없던 직업이 갑자기 생기기도 한다. 직업의 가치는 시대별로 변화하며 한 사람이 평생 갖게 되는 직업의 수도 바뀔 것이다.

미래 전문가들은 앞으로 다가올 시대에는 한 사람이 다섯 개 이상의 직업을 갖게 될 것이라고 예측한다. 동시에 여러 가지 일을 할 수도 있고 긴 인생에서 다양한 직업과 다양한 형태의 삶을 경험할 수도 있다. 어쨌든 이제 평생직장은 옛말이 되었다. 어떤 직장에 들어가느냐가 중요한 게 아니라 내가 하고 싶은 일을 할 수 있는 역량을 키우는 것이 중요한 시대인 것이다.

그럼에도 불구하고 좋은 직장을 고르는 건 중요하다. 아마 어떤 독자들은 '방금 직업이 아니라 꿈이 중요하다며?' 하고 생각할 수도 있겠다. 방금 한 이야기와 상반되는 말처럼 들릴 수도 있지만 사실 일맥상통하는 이야기다. 직장을 내 아이의 인생 목표가 아닌 과정으로 삼는다면 말이다.

상황에 따라 다르겠지만 통상적으로 한 사람이 세 번 직장을 선택한다고 하자. 시기에 따라 선택의 기준이 달라질 것이다. 나는 다음과 같은 기준으로 직장을 고르라고 추천하고 싶다.

첫 번째 직장 – 배울 게 많은 조직으로 가라

대학을 졸업한 아이들은 크든 작든 사회생활을 시작한다. 이때 맞이하는 집단이 아이가 경험하는 첫 번째 사회가 된다. 아들이 취업을 고민할 때 대기업을 추천한 것도 그 때문이었다.

급여를 더 잘 주는 곳도 있고, 몸이 더 편한 곳도 얼마든지 있다. 그러나 사회 초년생에겐 직장도 학교와 같다. 조직 문화를 비롯하여 많은 사람들이 이뤄 놓은 시스템과 업무 방식을 배워야 할 필요가 있다.

꼭 대기업이 아니더라도 첫 직장은 배울 것이 많은 집단에 들어가길 추천한다. 직원에게 아웃풋만 요구하는 곳이 아니라 인풋을 주는 조직이어야 한다.

두 번째 직장 - 시간적 여유가 있는 곳으로 가라

3~4년 정도 지나 일이 익숙해지면 이직의 기회가 생긴다. 두 번째 직장을 고민해야 하는 시기가 온 것이다. 이때는 가급적 시간적 여유가 있는 곳을 추천한다. 직장 생활 3~4년째는 업무 능력이 향상되어 한창 조직에서 필요한 수많은 일을 처리할 때다. 이때 모든 것을 소진하고 번아웃되는 젊은이들을 많이 보았다. 쏟아지는 회사 일에 매여서 내 생활도, 주변 관계도, 꿈까지 포기하면 안 된다. 상대적으로 여유 있는 직장을 고르고 시간 관리를 잘한다면 몸과 마음을 충전하고 다른 것도 배울 수 있는 시간을 확보할 것이다.

세 번째 직장 - 내 역량을 쏟을 만한 곳으로 가라

두 번째 직장에서 너무 오래 머무르면 안 된다. 편안함이 익숙해지면 나태해지기 때문이다. 몇 년 후 세 번째 직장을 고를 기회가 생길 텐데 이때는 본인의 역량을 쏟을 수 있는 곳을 골라야 한다. 나의 모든 것을 바쳐서 꿈을 이루는 장소를 선택할 수 있도록 하자. 아마 욕심이 있다면 꿈꿔 왔던 창업으로 연결될 수도 있을 것이다.

사람은 평생 공부해야 한다. 평생 해야 할 공부의 종류는 많다. 나의 전문성을 보충하는 공부일 수도 있고, 미래의 삶에 투자하는 공부일 수도 있다. 좋은 취미를 갖기 위한 공부도 해당된다. 그리고 진심으로 공부에 빠져 본 사람은 알 것이다. 배움이 우리를 얼마나 행복하게 해 주는지 말이다.

엄마들에게 나의 저서 《오늘도 엄마가 공부하는 이유》를 추천하고 싶다. 우리가 아이의 입시를 공부하고 진로를 고민하며 엄마로서 열심히 살아가는 이유 또한 행복을 위해서다. 무엇이 우리를 행복하게 만드는지 잘 알아야 한다. 그리고 인생의 즐거움을 만끽하자. 행복의 가치를 아는 사람은 그것을 누릴 자격이 있다.

이 세상의
아들 맘에게

인생에 힘든 순간은 누구에게나 찾아온다. 세상에 어느 누구가 사는 내내 온전히 행복했다고 말할 수 있을까? 희로애락은 숙명과도 같은 것이 아닐까? 나 혼자 힘든 것은 그래도 견딜 수 있었다. 시간이 지나면 서서히 옅어지기도 하니까. 그러나 엄마가 되어 힘든 것은 나 혼자만의 문제가 아니었다. 내게는 무한 책임을 지어야 하는 자식이 있으니.

사실 아이는 엄마 마음대로 되지 않는다. 엄마 배 속에서 나왔지만 이미 각기 다른 두 사람의 인격체인 것이다. 각자의 생각이 있고 각자의 행동이 수반된다. 엄마 마음과 다를 때, 의도한 결과가 나오지 않았을 때, 혹여 아이가 힘든 상황에 놓였을 때 어찌할 바를 모르고 무기력해지기만 한다. 아들을 키우면서 한 번도 울지 않은 엄마가 어디 있을까? 나 또한 그렇게 아들을 키웠고 이제 아들은 성인이 되었다.

이 책을 처음 집필할 무렵 아들은 한창 유학 준비 중이었다. 서른이 넘어 새로운 인생에 도전한다고 했을 때 무한정 좋아할 수만은 없었다. 들어가기 어렵다는 대기업, 전도유망한 전기 차 배터리 산업, 사내에서 인정받는 인재……. 이 모든 것을 포기하고 유학을 떠난다고 했다. 주변에서 말리는 분들도 많았다.

"아, 왜 아까운 직장을 포기하나요? 이제 장가만 가면 될 텐데……."

아들의 생각은 확고했다. "엄마, 전 이렇게 살고 싶지는 않아요. 제게는 더 큰 꿈이 있어요." 아들은 치밀하게 유학을 준비했고, 가장 가고 싶었던 꿈의 학교인 CMU(Carnegie Mellon University, 카네기멜론 대학교) 석사 과정에 입학했다. UC Berkeley(캘리포니아 대학교 버클리 캠퍼스), UPenn(펜실베이니아 대학교)에도 합격했지만 로보틱스로 세계 최고의 학교인 카네기멜론을 선택했다. 아들은 현재 피츠버그에서 자취를 하며 공부하고 있다. 이따금 보이스톡으로 듣는 아들의 목소리는 경쾌하다.

타국에서 혼자 생활하는 것이 어찌 행복하기만 하겠는가? 수많은 어려움이 있고 만학의 고통도 있을 것이다. 그러나 아들은 꿈을 향해 행진을 하고 있다. 아들은 수많은 장애물을 만날 것이다. 계속 넘어질 것이고, 가끔은 주저앉을 것이고, 또 아무렇지도 않게 다시 일어날 것이다. 본인이 원하고 개척한 여정 속에서 자유롭게 하늘로 비상할 계획을 품고서 말이다. 물론 아들의 선택을 존중하고 지원하는 부모의 마음도 큰 힘이 될 것이다.

세상에 아들을 사랑하지 않는 엄마는 없다. 그러나 나는 아들을 키우는 엄마들에게 사랑을 너무 많이 주지 말라고 조언하곤 한다. 조금 덜 줘도 괜찮다고, 80퍼센트 정도만 주고 20퍼센트는 아껴 두라고 말이다. 때로는 결핍이 동기가 되기도 하고, 부족해 봐야 고마움도 느낀다. 아들은 언젠가 엄마의 둥지를 떠난다. 지나친 엄마의 사랑은 우리 아이들의 독립에 걸림돌이 될 수도 있다. 너무 지나치면 독이 되기도 한다. 설령 그것이 사랑일지라도.

이 책을 아들 키우는 게 벅찬 엄마들에게 선물로 드리고 싶다.
"힘드시죠? 그런데 말입니다. 아들은 곧 독립해 나갑니다. 자유롭게 훨훨 날아갈 거예요."
우리가 고민해야 할 일은 아들의 미래가 아니라 엄마의 미래다. 잘 자랄 아들 걱정은 잊어버리고 우리 엄마들의 미래를 꿈꿔 보자. 힘들게 아들을 키웠으니 보상받을 자격이 충분하지 않은가.

아들 맘 모두 자유롭게 날 수 있는 날까지.
함께 꿈꾸고, 공부하고, 노력하길.
지금, 여기, 이 순간을 즐기면서.

2021년 겨울, 샤론코치 이미애

20세기 엄마의
21세기 명품 아들 만들기

2021년 12월 09일 초판 01쇄 인쇄
2021년 12월 20일 초판 01쇄 발행

지은이 샤론코치 이미애·브루스킴 김광균

발행인 이규상   편집인 임현숙
편집팀장 김은영   진행 박소영
편집팀 이은영 강정민 황유라 정윤정 이수민
디자인팀 최희민 권지혜 두형주
마케팅팀 이성수 이지수 김별 김능연
경영관리팀 강현덕 김하나 이순복

펴낸곳 (주)백도씨
출판등록 제2012-000170호(2007년 6월 22일)
주소 03044 서울시 종로구 효자로7길 23, 3층(통의동 7-33)
전화 02 3443 0311(편집) 02 3012 0117(마케팅) 팩스 02 3012 3010
이메일 book@100doci.com(편집·원고 투고) valva@100doci.com(유통·사업 제휴)
포스트 post.naver.com/100doci   블로그 blog.naver.com/100doci
인스타그램 @growing__i

ISBN 978-89-6833-352-1 13590
ⓒ 이미애, 2021, Printed in Korea